Web Site Design Control

Webデザイン受発注のセオリー

デザインコントロールが身につく本

片山良平 著

JN238310

Web Site Design
Design Control
gn Control V

WORKS CORPORATION

はじめに

「なんかこのデザインしっくりこないけれど、何が悪いのかわからない。なんかイメージと違う」Webサイトのデザインに、このような居心地の悪さを感じたことはないだろうか。

こういう意図でこう直して欲しい、ということがまったく制作者に伝わらない。デザイナーに「だったら、○○さんデザインしたら？」と言われた。初回のデザインがイメージとかけ離れている、そして修正したデザインもイメージと合わずしっくりこない。デザイナーが言った通りのことしかしてくれない。担当者の間でいいデザインができたと思っていても、関係者や決裁者が最終的におかしなことを言って承認してくれない。……などなど、デザインに関する苦労は枚挙にいとまがない。

日興アイ・アールが実施している「全上場企業ホームページ充実度ランキング」によると、2005年の調査開始時は19社の上場企業がWebサイトを未開設だったが、2009年には遂に100%に達した。また総務省の平成21年度通信関連業実態調査によれば、平成21年度末時点での100名以上の企業のWebサイト開設率は実に91.5%に達しており、企業におけるWebサイトの重要性が増し続けていることがわかる。管理ページ数の増加や内容の高度化・複雑化にともない、Webサイトのデザインに求められることは、質・量ともに増大しているのは言うまでもない。

しかしながら、企業のWeb担当者はずっとWebサイトを担当してきたわけではなく、デザインについて学んできたわけでもない。制作会社のディレクターも、他業界からいきなりWebディレクターへと転進するケースが増えている。そのような人たちがWebサイトのデザインを発注・受注する際に、より良い結果を導けることを目的に、この本を書いた。

デザインの専門家ではないWebサイトの担当者にとって、「うまくいっていないデザインをどうすれば良くできるのか？」、「意見を集約しデザインに反映するには、どうすればいいか？」といった悩みは、実に頭の痛いものである。この本を書くことになったのは、知り合いのWeb担当者の嘆きをTwitterで見かけたのがきっかけだった。

本書が解決しようとしているのは、「ビジュアルデザインを、どうしたらスムーズに進めることができるか？」という問題である。専門で学んだことも経験もない人が、どうすれば「デザイン」という形のないものについて関係者や制作者と共通言語を話すことができるか。そして、ビジュアルデザインをコントロールできるようになるのかということを、プロジェクトマネジメントの観点から述べている。

ビジュアルデザインの制作を進める中で問題が発生した際に、目の前のデザインの良し悪しについて、どう修正するかということのみを考えてしまいがちである。しかし、そうした表現手法に関することはデザインの問題のごく一部に過ぎない。デザインがうまくいかない場合には、次の5つのどれか、もしくはすべてに問題があると考えてよいだろう。

- 不明瞭な目的
- コミュニケーションギャップ
- 依頼のまずさ
- フィードバックのまずさ
- 役割分担や必要なスキルのあいまいさ

これらの問題に関して、Web制作の中でも特にビジュアルデザイン制作のフェーズごとに、どのような視点・考え方を持つべきか、具体的な解決手法の紹介、ケーススタディと考察を通じて実践的な形で解決の提案を試みている。

本書を執筆するにあたり、事前に企業のWeb担当者（発注者）、デザイナーやディレクターなど制作者、セミナーなど教育プログラムの企画者にヒアリングを行った。考えていたよりも発注者と制作者の意識のギャップは根深い。どちらの言い分が正しい／間違っているということではなく、立場の違いが受け取り方や考え方の違いをもたらす、至極当然に思えるが両方の立場に立った書籍はこれまで少なかったのではないだろうか。

この書籍は、発注者視点で書かれているが、発注者が何を考えてプロジェクトに臨んでいるかを知ることは制作者にとって有用であるし、制作者自身が外部の作業者に再委託する場合は立場は発注者となる。そのようなことから、書籍に「受発注のセオリー」とタイトルをつけたとおり、発注者と制作者の両方の立場の皆さんにとって、役立てていただけるものと自負している。

2011年9月
片山良平

Contents

Appendix

ご利用上の注意

- 本書に掲載されているWebサイトの画面は、運営元各社のご好意などにより掲載させていただきましたが、本書で行った分析はあくまで解説のためであり、実際のWebサイト運用やWebサイト運営者と本書の内容は一切無関係です。本書に関するお問い合わせなどを各社へ行わないでください。
- 本書は2011年9月現在の情報にもとづいています。本書発売後に紹介した情報内容などが変更されている場合がありますのであらかじめご了承ください。
- 本書内の写真、イラストおよび画像、その他の内容に関する著作権は、著作権者あるいはその制作者に帰属します。著作者・制作者・出版社の許可なく、これらを転載・譲渡・販売または営利目的で使用することは、法律上の例外を除いて禁じます。
- 本書記載の商品名・会社名は、すべて関係各社の登録商標または商標です。可読性を高めるため、それらを示すマーク等は記載しておりません。同様の理由により、会社名やソフトウェア名等を略称で表記していることがあります。
- 本書の制作にあたっては正確な記述に努めましたが、著者・出版社のいずれも内容に関してなんら保証をするものではありません。

Chapter 0

受発注ワークフローと基礎知識

Section 1

デザインコントロール10箇条

1. 目的をはっきりとさせる

プロジェクトで達成したい目的が明確でなければ、デザインも方向が定まらないボンヤリとした物になってしまう。目的は何か？なぜWebサイトを作るのか？　ビジュアルデザインで何をすべきか？　これらをハッキリしておくことができれば、発注者の依頼事項や判断基準が明確になり、制作者も考えやすくなるため、デザインの質は高くなる。

2. なんでもビジュアルデザインで解決しようとしない

ビジュアルデザインの力を過大視し、何でもビジュアルデザインで解決しようとするべきではない。例えば製品の問題は、Webサイトのデザインでは解決できない。ビジュアルデザインで何ができるかを正しく認識し、解決しようとしてる問題がその範疇に入っているかを見極め、解決の1つの手段として適切に活用することがポイントである。

3. 発注者と制作者の心理的ギャップを知る

制作者に仕事を依頼する際には、発注者と制作者の意識にはかなりのギャップがある。それぞれの意識の状態を正しく認識せずにコミュニケーションしていると、伝達内容の認識に差が出てしまい、提案、見積もりや最終的な成果物の精度の低下を招く。お互いの心理状態を知ることがビジュアルデザイン依頼において、特に重要である。

4. 依頼内容を明確に伝える

何を依頼したいかを明確に伝えられなければ、正確な見積もりも、良い提案ももらえない。限られたコストやスケジュールの中で満足度の高いビジュアルデザインを作りたいのであれば、依頼内容を簡単にでもドキュメント化すること。ドキュメント化することで曖昧な点がわかり、依頼内容をより明確にすることができる。

5. いきなりデザインを作らず、段階的に絞り込んでいく

要件を伝えた後、すぐにデザイン作成を進めると、発注者と制作者でイメージが共有できていないためこともあり、上手くいかない。クリエイティブコンセプトやビジュアルコンセプトを作成したり、ビジュアルサンプルでイメージを共有するなど、段階的にイメージを具体化する。どのように進めるかは、事前にプラニングが必要。

6. 自分でも情報収集をする

提案されたビジュアルデザインに対し、デザインの評価や最終的な判断を下すのは発注者だ。そのため、発注者もデザインの作り手であるという意識を持つことが大事である。制作者任せにせず、競合サイトやランキングの上位サイトをチェックするなど、比較材料を収集しておく。情報を蓄えることで、制作者とコミュニケーションもしやすくなる。

7. 細かい指示は、デザイナーをオペレーターにする

ビジュアルデザインへのフィードバック時は、指示が具体的であればあるほど、デザイナーは自分で考えることをやめ、指示通りにデザインを行うオペレーターになってしまう。デザイナーに考えてもらいたい場合は、コンセプトや達成すべき目的に立ち戻って、このデザインが合っているのか、という観点でフィードバックするのがよい。

8. 関係者を把握し、認識を合わせる

社内承認・意思決定において、事前にステークホルダー（関係者）を把握しておくことは、ビジュアルデザインだけでなく、プロジェクト全体をスムーズに進める上で非常に重要だ。また、プロジェクト立ち上げ時のキックオフに承認者に参加してもらい、前提事項の確認を行うことで、承認時の認識のズレを減らすことができるだろう。

9. 完成後に調整やメンテナンスを行う

Webサイトは器であり、中身は常に変化をし続ける。公開時にどんなに良いデザインを作っても、その後の運用次第ではクオリティが下がってしまう。そのため、運用体制や、運用のしやすさを考えてデザインを行う必要がある。また、バナーサイズは各ページ共通とするなど、運用の効率面も考えたデザイン設計を行うことがポイントである。

10. 納品ファイルは、あらかじめ明らかにしておく

契約・発注の時に、納品時に何を納品するのかを取り決めておかないと、トラブルの元となる。編集可能なフォトショップファイルは通常別費用がかかるなど、業界的な慣例もあるので、費用にどこまで含まれるのかを確認しておく必要がある。逆に運用・流用目的でファイルが必要ならば、見積もり時にその分の費用が発生するか確認をしたほうがよい。

Section 2

Web デザイン受発注のワークフロー

第 1 段階：ビジュアルデザインの要件定義

ワークフローと各フェーズでの重要事項

ビジュアルデザインの依頼発生

デザインに対する真の要求事項である依頼目的を確認する

ビジュアルデザインの依頼には目的達成手段として、単に作ることを目的にしてしまっている場合がある。Web 担当者は、依頼者の考える「デザインすることによって達成したい（ビジネス上の要求事項」を依頼目的として把握する必要がある。

依頼目的を掘り下げずにプロジェクトをスタートしてしまうと、さまざまなジャッジメントや合意形成が遅れ、度重なる修正の発生へと繋がる。

→ Chapter 1-1

プロジェクトの目的の明確化

プロジェクトの現状を知り、目的をドキュメント化する

依頼目的を明らかにするために、依頼者に調査・ヒアリングを行う。Web 担当者はプロジェクトの発端から参加しているとは限らない。プロジェクトで目的など前提事項が既成事実化していたとしても、その前提事項があいまいなままの場合もある。

調査・ヒアリングは、ビジョンステートメントのフレームワークで 3 つの切り口からドキュメント化する。そうすることで、共有を効率的に進めることができる。

→ Chapter 1-2,1-3

主な担当者

依頼者

Web 担当者

依頼者

Web 担当者

関連人物

ビジュアルデザインの依頼発生：

◎担当者上司
◎同部門の関係者
◎関係部門

プロジェクトの目的の明確化：

◎担当者上司
◎同部門の関係者
◎関係部門

作成文書

プロジェクトの目的の明確化：

◎調査・ヒアリング結果

◎ビジョンステートメント

ビジュアルデザインの目的の明確化（1）

ビジュアルデザインで解決することをドキュメント化する

ビジュアルデザインで何を解決するのか、何を目的にビジュアルデザインを行うのか、を明らかにするためにびビジョンステートメントのフレームワークを用いて検討する。その結果得られたものを、ビジュアルデザインのミッションステートメントとしてドキュメント化し共有する。
ビジュアルデザインが力を発揮するのは、「他との差別化」「感情に訴えかける」「機能性を高める」の 3 点を目的とした場合である。

→ Chapter 1-4,1-5

依頼者　　Web 担当者

◎担当者上司
◎同部門の関係者
◎関係部門

◎デザインのミッションステートメント

ビジュアルデザインの目的の明確化（2）

デザイン以外で解決すべきことを理解する

ビジュアルデザインが解決方法にならず、他の解決手段が適当な場合もある。プロダクトやブランド、Web にアクセスしない顧客層、Web サイトへの流入経路、情報設計、コンテンツなどに関することが依頼目的であった場合は、ビジュアルデザインでの解決は難しい。
こうした一連の「問題の発見と解決方法の選定」は発注者が単独で行わず、要件定義フェーズとして制作者と取り組むことが効果的な場合もある。

→ Chapter 1-6

依頼者　　Web 担当者

◎担当者上司
◎同部門の関係者
◎関係部門

◎デザインのミッションステートメント

第 2 段階：提案依頼〜発注

提案依頼

要件を提案依頼書にまとめ、提案を受ける

要件定義が整ったら、その要件を解決するための提案を制作者に依頼する。発注者と制作者には、それぞれ意識のギャップがあるので、まずはそうした特性を理解しておくことが円滑なコミュニケーションに繋がる。そして、依頼にいたる流れを制作者と共有した上で、提案依頼を行う。
提案依頼書は制作者に提案を依頼したい内容を、抜け漏れなくまとめたものである。

→ *Chapter 2-1,2-2,2-3*

パートナー選定

プロジェクト単位で最適なパートナー（制作者）を選ぶ

要件が定義できても、解決に向けてはビジュアルデザインを実行してくれるパートナー（制作者）が存在不可欠である。制作者のスキルの見極めが不適切だったり、パートナーを確保するリソースが不足していると、いいパートナーには出会えない。発注者はコンペを実施するなりしてパートナーに出会う必要があるが、提案依頼書をベースに同一の項目で提案を求め、提案評価シートで評価を比較することが重要になる。

→ *Chapter 2-4,2-5,2-6*

主な担当者

Web 担当者

Web 担当者

関連人物

制作者

◎依頼者　◎担当者上司
◎同部門の関係者　◎関係部門
◎制作者

作成文書

◎ディシジョンヒエラルキー

◎提案依頼書（RFP）

◎提案書
◎見積書
◎提案評価シート

プロジェクト編成

発注するための、プロジェクトの詳細内容を確定する

基本的に、提案を受けた内容をどう実行していくかは発注者が決めるが、大規模なプロジェクトなどでは、プロジェクトそのものをどう動かしていくかを発注者と制作者との共同で作成する場合がある。大きく「方向性絞り込み」と「評価」のプロセスを決める。
プロセスプランニングと実行プランが決まれば、それを実行するためのメンバー編成、スケジュールを詳細に検討し、コストの最終見積もりを受けた上で発注する。

→ Chapter 2-7,2-8

依頼者　Web 担当者

◎依頼者　◎担当者上司
◎同部門の関係者　◎関係部門
◎制作者

◎体制表
◎詳細スケジュール
◎最終見積書

契約・発注

パートナーを確定し、発注する

それぞれの会社の発注方法によるが、基本契約書、注文書、注文請書、NDA（秘密保持契約書）を発注者と制作者の間で取り交わし、注文を確定する。Web サイトでは公開前の機密情報を取り扱うため、コンペやオリエンに際して NDA を結ぶこともある。
発注者は制作者への発注にあたり、下請法が適用になる場合は 4 つの義務が課される。また、3 条書面を下請事業者に速やかに交付しなければならない。

→ Chapter 2-9

依頼者　Web 担当者

◎依頼者　◎担当者上司
◎同部門の関係者　◎関係部門
◎制作者

◎各種契約書

◎注文書

第3段階：制作と運用

コンセプトの作成

コンセプトから検討し、判断の核をつくる

クリエイティブコンセプトとは「何をどう伝え、どのような体験をし、その結果どうなって欲しいか」、ビジュアルコンセプトはそれをビジュアル面のみに絞って検討したもの。そして、それらコンセプトを反映し体現したものがビジュアルサンプルである。
漫然と制作に着手したり、深い洞察なしに複数案作るのではなく、こうした検討を経ることで、制作物の評価や判断がしやすくなる。

→ Chapter 3-1,3-2,3-3

ディレクションとプロジェクトマネジメント

違和感を的確にフィードバックし、完成度を高める

プロジェクトマネジメントはQCDSのバランスを見ながら、与えられた条件下で最適なバランスに着地するようマネジメントを行う。Qに関わるアートディレクションは、そのような職種ではなく、プロジェクトメンバーの誰がそのタスクを明確にし実施する。
アートディレクションは「表現方法の具体的方法論に関する指示」なので、デザイナーが指示通りに動くオペレーターと化さないような配慮が必要となる。

→ Chapter 3-4,3-5,3-6

主な担当者

制作者

制作者

関連人物

Web担当者

Web担当者

作成文書

コンセプトの作成：
◎クリエイティブコンセプト
◎ビジュアルコンセプト
◎ビジュアルサンプル

ディレクションとプロジェクトマネジメント：
◎修正指示書

承認～プロジェクト終了

ステークホルダーに承認を受け、完成する

デザインは目に見える分、アイデアやアドバイスを述べやすい。発注者と制作者で、苦労して作り上げたものでも、ステークホルダー、それも社長や役員といった上位の関係者のちょっとした意見で、根本から制作したものが覆ってしまうこともあり得る。
スムーズに承認を得るには、適切なタイミングでコミュニケーションを行っておくことはもちろん、評価すべきポイントや検討範囲を明確にすることが重要である。

→ Chapter 3-7

Web 担当者

◎社長　◎役員　◎事業部長　◎依頼者　◎担当者上司　◎同部門の関係者　◎関係部門

◎成果物

◎検収書（納品書）

運用

完成後のクオリティ管理や成果物の利用に留意する

Web サイトは器であり、中身は常に変化し続ける。公開時をピークとして、クオリティは下がっていくのが一般的だが、デザイン設計、ガイドライン整備、チェック体制、エレメントリスト管理を整備することで品質低下は回避することができる。
そして、完成後に発注者の社内で新規作成や更新を行ったり紙媒体などで成果物を流用する場合に、制作者とトラブルにならないよう契約で取り決めをしておく。

→ Chapter 3-8,3-9

依頼者

Web 担当者

◎担当者上司、◎同部門の関係者、◎関係部門

◎運用マニュアル

◎ガイドライン

Section 3

メンバーとスキルセット

① 発注者
ビジュアルデザインの依頼を行う発注者

スキルセット

- 事業推進スキル
- 社内調整スキル
- 企画立案スキル

主な職務立場

Web 担当者
関係部門担当者
承認者（上司、エグゼクティブ）

主な役割

Web 担当者・・・制作者との窓口になり、発注側でディレクションを担当するのが Web 担当者である。Web 担当となる部門は会社により広報部、宣伝部、営業部、経営企画部等さまざまである。コーポレートサイト、キャンペーンサイト、ブランドサイト等の Web サイトの性格ごとに別部門が担当することもあれば、Web 全体の統括から運営までを一手に引き受けるケースもある。一定規模以上のサイトであれば、掲載内容が自部門内だけに留まらないので、他部門との調整役としての機能も担うことになる。

関係部門担当者・・・主管部門として Web サイトの運営は行なわないが、サイト内で扱っている内容自体について責任を持っている部門の担当者。主業ではないので Web に関する知識が少ない担当者も多い。制作者とは、主に Web 担当者を介してコミュニケーションをとることが多い。

承認者・・・Web 担当者の上司や、関係部門担当者の上司。扱っている内容がその会社の顔となるようなものであれば、事業部長や社長が承認者となることもある。制作者からはほとんど見えない相手だが、発注者も制作者もその意向をよく共有できていないとプロジェクトが難航する可能性が高い。発注者は制作者に対しても、適宜承認者の意向について共有をしたほうがよい。

② プロデューサー
営業、企画とプロジェクト全体の統括を担当

スキルセット

- マーケティングスキル
- 戦略立案スキル
- 企画立案／プランニングスキル
- プロジェクト設計スキル
- プレゼンテーションスキル
- リソース調達・管理スキル
- リスク管理スキル
- コスト管理スキル
- コミュニケーションスキル
- 折衝スキル

主な役割

Web業界におけるプロデューサーは、主に営業の役割とプロジェクト全体統括の役割を担う職種である。発注者のオーダーに応えるだけでなく、発注者の抱えている隠れたビジネス課題を発見し、解決するためのプロジェクトを企画提案する。そして、発注者の社内調整のサポート、必要となるリソースの調達、プロジェクトコアメンバーの召集等を行う役割だ。プロジェクトの立ち上げから契約の締結までがプロデューサーの主な仕事となる。

プロジェクト開始後は、プロジェクトに方向性のズレがないかをチェックし、納期や予算等の問題の調整や納品まわりなど、制作現場からは一定の距離を置いたポジションでプロジェクトを統括する。プロジェクトマネージャーやディレクターが専任で配置されない場合は、プロジェクト立ち上げ後プロデューサーがそのまま制作の進行管理を行うケースもある。

プロデューサーは、プロジェクトを生み出すポジションとなるため、発注者の経営課題や事業戦略をブレイクダウンし、Web戦略やWebビジネスの事業計画をたてプロジェクト化するところまで、幅広く俯瞰した視点が求められる。そのためデザインのディティールや、制作の細かいレベルの話には関わることはあまりないが、要件定義やメンバー調達の部分では重要な役割を果たす。

③ プロジェクトマネージャー／ディレクター
プロジェクトの取りまとめをおこなう現場監督

スキルセット

- プロジェクト設計スキル
- リソース調達・管理スキル
- リスク管理スキル
- コスト管理スキル
- スケジュール管理スキル
- 品質管理スキル
- コミュニケーションスキル
- ディレクションスキル
- 折衝スキル
- リーダーシップスキル

主な役割

プロジェクトマネージャー／ディレクターは、プロジェクトの目的を整理し、プロジェクト実行のための詳細な設計や体制の構築を行う。そして、予算・スケジュール・クオリティ・スコープ・リスクのバランスを取りながらプロジェクトの進行管理を行う、「現場監督」にあたる職種である。また、制作者の窓口となり、発注者の依頼や要望を制作現場にフィードバックしたり、逆に意見や質問を発注者に伝える。

プロジェクトマネージャーやディレクターに求められるのは、発注者と制作者の間に入りバランスをとりながらプロジェクトをリードしていくスキルだ。伝えられたことをそのまま伝達するような「伝書鳩」ではなく、意図を汲み取り、それぞれのメンバーに合わせたコミュニケーションができる「翻訳者」としてのスキルと、プロジェクトを俯瞰し調整するスキルが要求される。

デザインにおいては、クオリティの面だけでなく、コスト・リスク・要件を満たしているかという観点でチェックすることが多い。コンセプトやワイヤーフレームとデザインにズレがないかや、資料には現れていないような発注者の意図や背景が汲み取られているかなどのチェックを行う。

④ クリエイティブディレクター
クリエイティブ全体の方向性、品質管理の役割

スキルセット

- 企画立案／プランニングスキル
- 品質管理スキル
- 調査・解析スキル
- プレゼンテーションスキル
- コミュニケーションスキル
- アートディレクションスキル
- コピーディレクションスキル
- リーダーシップスキル

主な役割

Web サイト制作におけるクリエイティブディレクターは、Web 戦略やクリエイティブコンセプト、サイトコンセプトを考え、ビジュアルコンセプト、サイト構造、コンテンツプランなど、主にプロジェクト上流の制作物全般がクリエイティブコンセプトに沿っているかの判断や修正指示を行う職種である。アートディレクターやコピーライター、デザイナー、フォトグラファーなどの人選はクリエイティブディレクターが行うことが多い。また、プロジェクトマネジメントは通常行わないため、予算や進行とのバランスは管轄外となる。

クリエイティブディレクターが特に必要となる場面は、巨大な Web サイトに対してクオリティ管理が必要な場合や、先鋭的なクリエイティブが必要な場合などである。制作関連スタッフの人数が多い場合、クリエイティブのバラつきが出るが、そのような場合の品質管理を行ったり、クリエイティブの品質をより研ぎ澄ませたりといったことを担う。

Web 制作のプロジェクトで、専属のクリエイティブディレクターが配置されることは少なく、プロジェクトマネージャー／ディレクターやアートディレクター、インフォメーションアーキテクトが兼任することが多い。しかしデザインに大きく関わってくる職種となるため、クリエイティブディレクター不在の場合は、クリエイティブディレクターが担うべき役割をどう分担するかが重要となる。

⑤ アートディレクター
デザインにおける現場監督

スキルセット

- デザインプランニングスキル
- 品質管理スキル
- プレゼンテーションスキル
- コミュニケーションスキル
- リソース調達・管理スキル
- ディレクションスキル
- デザインスキル

主な役割

プロジェクトの目的、クリエイティブコンセプトに従い、ビジュアルコンセプト、ビジュアルデザインプランニングを考え、デザイナーを取りまとめ、ビジュアルデザイン作り上げる職種である。実際に手を動かすのはデザイナーで、アートディレクターはデザイナーやフォトグラファーの人選や依頼、取りまとめ、具体的指示など「デザインにおける現場監督」の役割を果たす。

アートディレクターに求められるのは、プロジェクトマネージャー／ディレクターと同様に「発注者のさまざまな依頼や要望を聞き、その内容を各メンバーがわかりやすい適切な言葉に翻訳をし、指示や取りまとめを行う」というスキルである。デザインに関するやり取りは具体性と抽象性が混じるため、発注者のフィードバック内容が目的に即していないことも多く、経験の浅いデザイナーは混乱してしまうことがある。適切なビジュアルデザインにたどり着くためには、発注者の真意を汲み取り、デザイン上の原因を突き止めたうえで修正指示を出さなくてはいけない。だからデザインの翻訳者としてのスキルが重要となるのである。

アートディレクター兼デザイナーとして、自ら手を動かしつつアートディレクションのタスクを行う場合も多いが、クオリティ管理の面を考えると、専属でアートディレクターを配置したほうがよい。苦労して作ったデザインには思い入れが強くなるので、作ったデザイナー自身は客観性を失いやすい。デザイナーはアートディレクションスキルを持っていると思われやすいが、持たないか不足している場合が多く、注意が必要である。

⑥ デザイナー
ビジュアルデザインの作り手

スキルセット

- コミュニケーションスキル
- デザインスキル
  ヒアリング力
  イラスト
  ピクトグラム
  デザインテイストの幅
  センス、個性
- コーディングスキル

主な役割

デザイナーとは、クリエイティブコンセプト、ビジュアルコンセプト、ワイヤーフレームなどの資料とアートディレクターの指示に従い、デザインを作成する職種である。一般的にデザイナーと呼ぶ場合の職種定義は非常に広範にわたるが、本書ではクリエイティブディレクターやアートディレクターの方針に従い、定められた方向性を具体的なデザインに落とし込んでいく作業を担当する職種として定義する。

デザイナーというと、いくつかの要件やイメージを伝えればよい感じにデザインを仕上げてくれる職種（ある意味、美容師のような職種）と考えられがちである。しかし、「デザインにより何を達成しようとしているのか？」、「どのようなデザインにすべきか？」を考えるスキルとデザインスキルは別のものと考えたほうがよい。

美容師のたとえで言えば、こんな髪型にしたらいいのでは？と客とのコミュニケーションの中で考えたり提案したりするスキルは、本書で言うプロジェクトマネージャー／ディレクター、クリエイティブディレクター、アートディレクターが持つスキルに相当する。“こんな髪型にする”ことが決まった上で実際にカットする技術が、デザイナーのデザインスキルに相当すると考えるとわかりやすい。

デザイナーとして重要なスキルは、デザインの目的やコンセプトを的確に捉えるスキルと、具体的なデザインに落とし込むデザインスキル、またさまざまなオーダーに応えられるデザインテイストの幅である。

⑦ インフォメーションアーキテクト（IA）
情報設計のスペシャリスト

スキルセット

- コミュニケーションスキル
- 調査・解析スキル
- 情報設計スキル
- システム設計スキル

主な役割

Web サイト制作におけるインフォメーションアーキテクトとは、サイトの情報設計、ユーザー経験や体験の設計を行う職種である。インフォメーションアーキテクトの具体的なアウトプットは、サイト構造・導線設計、ナビゲーション設計、ラベリング設計、ワイヤフレーム (ページごとの構成要素設計書) などのドキュメントになる。

近年 Web サイトにおける情報設計が重要視されるようになってきたため、インフォメーションアーキテクトという職種も少しずつ知られるようになったが、大規模プロジェクト以外では情報設計はプロジェクトマネージャ／ディレクターや、アートディレクションも兼任するデザイナーが担当することが多い。また、大規模プロジェクトの場合でもクリエイティブディレクターが兼任し、Web サイトの戦略から構造設計までを考えることもある。

ワイヤフレームは、各ページをデザインをする際の重要な画面設計書となる。そのため、インフォメーションアーキテクトを専属で配置する場合は、ワイヤーフレームをどのような意図で作成したかなど、デザイナーとのコミュニケーションが非常に重要になる。

サイト設計をより詳細に行う場合（現状分析、ヒューリスティック調査、ユーザーニーズ調査、ペルソナ立案、ユーザーシナリオ作成、エクスペリエンスフロー作成などを行う場合）には、特にインフォメーションアーキテクトが活躍することになる。

⑦ プロダクションマネージャー
制作者側の進行管理人

スキルセット

- マーケティングスキル
- 戦略立案スキル
- 企画立案／プランニングスキル
- プロジェクト設計スキル
- プレゼンテーションスキル
- リソース調達・管理スキル
- リスク管理スキル
- コスト管理スキル
- コミュニケーションスキル
- 折衝スキル

主な役割

規模の大きなプロジェクトでは、発注者とのやり取りを受け持つプロジェクトマネージャー／ディレクターと、制作者内部での個々の制作者の管理・ディレクション・制作物の細かいチェックなどを受け持つプロダクションマネージャーに分けて担当することがある。

その場合、プロジェクトマネージャー／ディレクターは、プロジェクトリーダーとしてプロジェクト進行の全体統括＆コミュニケーション窓口の役割を担うことになる。

コーディングの知識が少ないデザイナーが作成したデザインは、HTML や CSS で再現することが困難だったり、非効率的になるケースがある。そのような場合はプロダクションマネージャーとデザイナー間で調整が発生する。コーディング知識が少ないデザイナーがデザインする場合、プロダクションマネージャー及び、コーディングスキルのある担当者がデザインのジャッジに加わったほうが手戻りが少なくなる。

⑨ システムエンジニア（SE）
システム設計の専門家

主な役割

近年のWebにおいて、システム開発が関係しないものは稀である。そのためシステムエンジニアもプロジェクトに必須のメンバーとなる。システムエンジニアはシステム部分の要件定義・設計・開発の統括などを担当する。システム開発におけるシステムエンジニアはプロジェクトマネジメントまで包含する場合があるが、Webサイト作成におけるシステムエンジニアは、システムの部分のみを切り出した形でこれらを行う。

⑩ Webアナリスト
アクセスログ解析から改善案を立案

主な役割

Webアナリストとは、Webサイトに関する定量・定性調査を行い、Webサイトのパフォーマンス測定と、課題発見や改善案の立案を行う職種である。特にサイトリニューアルや部分的改善といった場合、現状のWebサイトの課題分析のために、アクセスログ解析やユーザーテスト、アンケート等を実施し、課題の抽出を行うような際に登場する。

どの要素を強調すべきか？ など、実際のアクセスログ解析の結果に基づいた改善案は、情報設計やデザインにおける重要な要件となるため、インフォメーションアーキテクトやデザイナーとのコミュニケーションが重要となる。プロジェクトの初期だけの参加や途中での投入はプロジェクトを混乱させるだけでなく、効果も薄いため注意が必要である。

Column
役職名ではなくスキルセットで見る

ビジュアルデザインが提出された際、「このエリアは優先度が高いのでもっと強調したい」など、要件に関する修正依頼をすると、デザイナーからより具体的な指示を求められ、具体的なサンプルを示すとそれとそっくりのものが上がってきた……。こんなことはないだろうか。

言った通りにしか動かない、期待していることをやってくれない、手戻りが多いなどの問題は、発注者と制作者間にとどまらず、制作者内でも頻発する。ではなぜ、これらの問題が発生するのか？

前ページまでに紹介してきた役割分担や役職名が持つスキルセットは、会社ごとに異なるうえ、同じ会社の同じ役職名であっても、人により持っているスキルセットや役割が異なる。つまり役職名と持っているスキルセット、マインドセットが必ずしもイコールでない。担当者に期待するスキルと、実際の担当者の持つスキルが食い違っているのが問題の本質なのである。

この問題を解決するには、役職名でタスクの割り振るのではなく、タスクに対応するスキルセットを持つ人に役割分担を行う。あらかじめタスクを明示化し、「このタスクはAにできるかどうか？」を考える必要があるのだ。

スキルセットが明確でないなら、そのプロジェクトでやるべきタスクを洗い出し、タスクごとに必要なスキルを特定する。

また、タスクを明確化するために、プロジェクトに関わるインプット及びアウトプットの形式（成果物）を明示しておくとよい。どのようなスキルが必要かがチェックしやすくなる。

タスクとスキルの対応ができあがったら、そのスキルセットを持っているメンバーを配置すればいい。つまり、役職名でなくスキルセットで見れば間違いはないのだ。

プロジェクトは、発注者と制作者、そして制作者の中の複数名で分業されるので、実際の担当者が備えるスキルセットに注目してタスクを割り当てねばならない。

まとめると、プロジェクトの体制作りで大事なのは、3点である。

- インプット及びアウトプットの形式のフォーマット化

タスクを明確にする。インプット及びアウトプットの形式が曖昧だと、手戻りが発生し、スケジュールが遅延することになる。

- 各メンバーの役割の明確化

役割分担が曖昧だとタスクの抜け漏れが発生しクオリティが低下する。

- 必要とされるスキルセットを持ったメンバーの確保

各役割に必要なスキルセットを持ったメンバーがアサインされていなければクオリティが低下する。

Chapter 1

ビジュアルデザインの要件定義

Chapter 1

Section 1

Lecture

ビジュアルデザインの依頼発生

ビジュアルデザインの依頼が生じる場合には、必ずそのきっかけとなる出来事がある。依頼内容の裏側には、なぜビジュアルデザインを作らねばならないか——本来の目的があるはずだ。この部分に目を向けておく必要がある。

依頼のきっかけ

デザイナーにビジュアルデザインを依頼するときには、依頼のきっかけが存在する。たいていの場合次のような類のものだ。

- Web サイトを新規に構築または、リニューアルを行うことになった
- 他部署で開設した PR ページへ遷移するためのリンクバナーが必要になった

これらの事項は、依頼により達成したい目的ではなく、目的達成のための手段に過ぎない。例えばバナーを作ることは目的ではなく、目的達成手段である。その一方、目的達成手段の水面下には、真の要求事項がある。それが依頼目的だ。

目標達成手段	サイトデザインを今風にリニューアルする
水面下に潜む依頼目的	今風にリニューアルをすることで競合サイトと比較した際に古い会社のように見えないようにし、競合への優位性を確保したい

目標達成手段	バナーを作る
水面下に潜む依頼目的	新設した PR ページにリンクさせ、販売している商品の売り上げを増やしたい

依頼目的とは何か

では、依頼目的とは何か、もう少し詳しく見てみよう。先の例で続けると、サイトリニューアルを行うプロジェクトでは、「老朽化したデザインを今風にリニューアルしたい」というのが目的達成手段に当たり、「なぜデザインを今風にするべきなのか？」の答えが水面下に潜む依頼目的となる。

例えば「競合サイトがリニューアルしたことで自社サイトが1世代古いデザインに見えてしまうため、競合と同格、もしくは競合より新しく見えるデザインにすることで優位性を損なわないようにしたい」というようなことが、依頼目的として考えられるだろう。

さらに洞察を深めている場合は、「Webサイトで扱っている商品がネットで比較されやすい商品である。競合サイトはリニューアルによって自社に載っていない情報を載せ、より見やすい構成・デザインになったため、それと同等もしくはそれ以上の使い勝手により、競争力の低下を防ぎたい」というようにブレイクダウンすることもできる。

つまり、「依頼目的」とは、「デザインすることによって達成したい（ビジネス上の）要求事項」と言える。

図1：水面下に潜む依頼目的

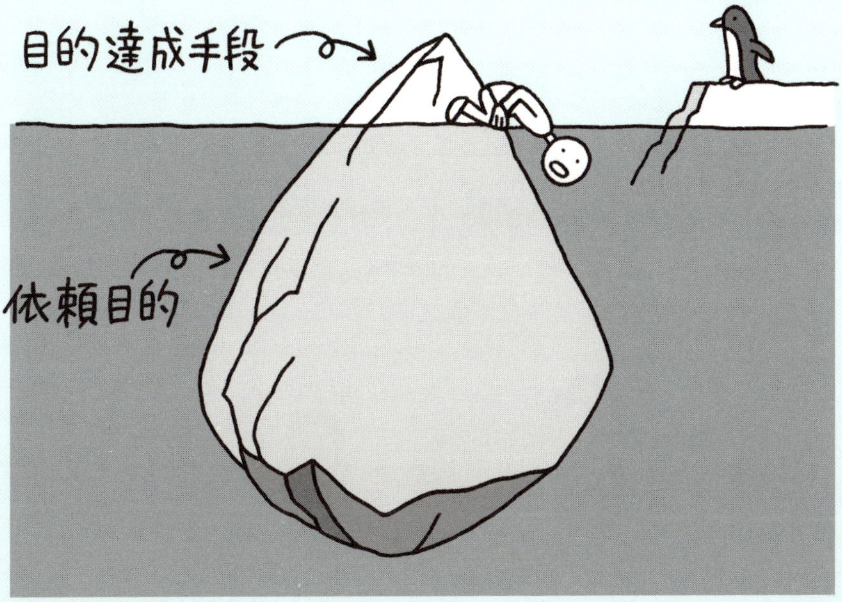

不明瞭な依頼目的が招く事態

しかし、実際のビジュアルデザインの依頼においては、「老朽化したデザインを今風にしたい」という目的達成手段のみがあり、依頼目的を掘り下げずにプロジェクトがスタートしてしまうことがよくある。

このような場合は、最終的に何を達成したいのかが不明瞭なため、さまざまな場面で判断基準が人によってブレてしまう。そして、ジャッジメントや合意形成がなかなか成されない。度重なる修正が発生し、スケジュール遅延が発生するというようなことが起こってしまうのである。

ビジュアルデザインの方向性を絞り込むためにA案・B案・C案と複数案を作るということがよくあるが、依頼目的が不明瞭だとどの案にするかの基準が定まらず選ぶことができない。結局、個人の趣味趣向で選ばれてしまうという事態を招いてしまう。

ゴールの定まっていない状態でプロジェクト及びデザインを開始してしまうことは、ルールを知らずにゲームを初めてしまうのと同じ。何をすれば得点できるかわからない人は、ゲームに参加して勝つことはおろか、人のプレー（得点したかどうか？）をジャッジすることも不可能なのである。依頼目的という判断基準を依頼者が定めない限り、制作者は何を作ればいいのかわからず、また発注者も作られたものに対して判断ができない。

デザインに限らず、健全な依頼とは、明確な依頼目的があることが前提である。また、依頼により作られた成果物に対する健全な判断は、成果物が依頼目的に沿っているか？　目的を達成しているか？　という基準によってのみ成される。ルールがあいまいなゲームは混乱を招き、モチベーションをそぐのである。

図2：デザイン依頼目的は…？

ひと言でWebサイトをリニューアルするといっても、個々にイメージが異なる場合がある。

POINT

- 依頼時には、依頼目的を明確化しておくことが不可欠である。
- 依頼目的が明確化されていないと成果物のジャッジメントが行えず、納品物の善し悪しが判断できない。

Column

初対面の相手に自分の仕事を伝えられる？

発注者と制作者が初めて会い、仕事をする時というのは、お互いに普段何をやっているかわからないもの同士で共同作業をする機会でもある。

受託で何か仕事を請け負う場合、制作者は、なるべく発注者と同じ情報・ゴールを持った上で、専門的な立場から問題解決を行ったほうが良い結果が得られる（発注者の抱えているしがらみを制作者が考慮しすぎると発想が貧困になるという場合はあるが）。

しかし発注者がどのようなビジネスを行っているのか、部署のミッションはどのようなものか、というベースとなる事項が共有されるケースは稀で、懇意になって初めてわかってくることが多い。大企業などであれば株主情報や業界の動向などから、外部でもある程度事前知識を収集できるが、発注者は、自分の会社や業務のミッションを簡単にでも制作者に語れるようにしておきたい。また初期の打ち合わせ段階でにそれらを説明することは、より良いアプトプットを引き出すことに繋がる。

しかし、自分の仕事説明というのは難しいもので、ともすれば、普段自分が行っているタスクを延々と話してしまうこともある。そんな時に思い出してもらいたいのが「自分の仕事を自分の子供に話すとしたら？」という観点だ。

「パパ（ママ）はどんな仕事をしているの？」

この問いの良い点は、意識を専門的なタスクの話から、自分は何の役立っているのか？　という点に意識を向けてくれることである。顧客が享受するメリットとは何なのか？　例えばそれはどういうことなのか？

一度自分の仕事・会社について考えてみて欲しい。

Chapter 1

Section 2

Lecture

プロジェクトの前提事項を知る

目的達成手段の水面下にある本来の依頼目的を明らかにするには、現状を正しく把握する必要がある。あなたがプロジェクトに途中から参加する場合は、これは特に重要なこととなる。

プロジェクトの目的を明確にするために

前節で述べたように、「新商品発売に伴いキャンペーンを行うのでキャンペーンサイトとバナーを作りたい」であるとか、「来客を増やすためにデザインをリニューアルしよう！」というような、不明瞭な目的によるビジュアルデザインの作成は、困難を極めるだけでなく、関係者が納得する形でゴールにたどり着くことは稀である。

ここでは、水面下にある依頼目的やビジュアルデザインのゴールを明確にするために、まず調査・ヒアリングをして集めておきたい情報について解説する。

プロジェクトに最初から関わっている場合は必要ない作業だが、先にやるべきことが決まっていたり、上司の意向で動くことになったなど先行した動きがあった場合には、必ず調査・ヒアリングを行う。

調査・ヒアリングの意味

周辺事項の調査やヒアリングの目的は、前提事項、プロジェクトの成り立ち、経緯、ステークホルダーの意向、関係者の把握など、プロジェクトのゴールを明確にするためのさまざまな情報を得ることにある。プロジェクトのゴールが明確になれば、ビジュアルデザインで何をすべきかということも同時に明らかになるからだ。

調査・ヒアリングの段階では、そのプロジェクトは「誰が」「何を」「いつ」「どこで」「どんな目的で」「どうやって」行うのか？、という5W1Hをハッキリさせることが、基本でありながら重要となる。

例えば「ビジュアルデザインを変えたい」という要件についてヒアリングした場合、「目的は新商品発表にともなうキャンペーンを行うこと」という回答は答えになっていない。なぜならば、「キャンペーンを行う」ことは手段であって目的ではないからだ。なぜそのキャンペーンを行うに至ったかという経緯や周辺事項を調査し、売上を上げる、認知度を高めるなど、達成すべき真の目的を明らかにすることが重要である。目指すべき方向が定まることでデザイナーのパフォーマンスが発揮されやすくなり、発注者の判断もブレにくくなる。

「あいまい」な前提事項を確認する

先行して検討協議を重ねているプロジェクトに参加するような場合、はっきりしていない前提事項も、合意が取れたことのように進んでしまうことがある。後から参加したメンバーには、すでにメンバー間でコンセンサスができあがっているように感じられ、あえて前提事項を確認しないためにこのような事態が起きる。

プロジェクトマネジメントの経験が浅い場合、プロジェクトの前提事項があいまいでも、「いずれ明らかになるだろう。」とか、「そんなにズレはないだろう。」と思ってしまいがちだ。後になって認識のズレによる手戻りが発生するかもしれないというリスクに気が付いておらず、最初のミーティングでは話を聞いてみて、言われた要件で作業を開始してしまうことが多い。ルーチンワークと違い、プロジェクトは前提事項をはっきりさせておかないと、必ず認識の違いがプロジェクト途中になって顕在化する。そして、プロジェクトの進行が大幅に妨げられることになるため、あいまいな前提事項は確認を通じてつぶしておかねばならない。

図1：前提事項があいまいなままでの進行

POINT

- ▶ 最初から関わっていないプロジェクトは、参加時に必ずヒアリングを行う
- ▶ ヒアリングを通して、水面下の「あいまい」な前提事項をはっきりとさせる

Chapter 1

Section 3

Lecture

プロジェクトの目的の明確化

プロジェクトの目的は、往々にして文章化されていないものである。そのため、人によって違う解釈がされていることがある。ここではプロジェクトの目的を明確にし、ドキュメント化するフレームワークを紹介する。

プロジェクトの目的を明らかにするビジョンステートメント

プロジェクトは進行中にさまざまな人が関わってくる可能性がある。その都度前節のような前提事項の共有をしていると効率が悪いため、プロジェクトの趣意をドキュメント化しておくことが望ましい。これは、ごく簡単な1枚のドキュメントで構わない。

プロジェクトの目的を明らかにする際に役立つのが、ビジョンステートメントというフレームワークだ（籠屋邦夫＝著『意思決定の理論と技法』より）。

我々はこれから何をやろうとしているのか？
我々はなぜこれをやろうとしているのか？
この努力が成功したかどうかは、どうしたらわかるのか？

この3つの切り口でプロジェクトの目的を明確化しメンバーが共有することで、プロジェクト全体を通してものの見方を共有することが可能になる。事前に前提事項に関する調査、ヒアリングを行っていれば、この問いに回答するのはそれほど難しいことではないはずだ。

「この努力が成功したかどうかは、どうしたらわかるのか？」に関しては、具体的な数値が重要となる。ただし、数値目標は会社として定めるものであり、各プロジェクトでは設定することはできないことも多い。そのため、達成にこだわるのではなく、どこを目指しているのかをわかるように定量化することが重要だ。

図1：ビジョンステートメントというフレームワーク

我々はこれから何をしようとしているのか？

■自分たちが「何を達成しようとしているのか、それによりどうプラスになるのか」を端的に記す。達成手段ではなく、必ず目的を明確にする。

我々はなぜこれをやろうとしているのか？

■そもそもなぜこれをやろうとしているの？という、大もとの課題を明確にする。

この努力が成功したかどうかは、どうしたらわかるのか？

■どこを目指しているかがわかるように、数値化した目標を記す。

図2：ビジョンステートメント例（製品戦略）

我々はこれからなにをしようとしているのか？

■我々はインターネットの利用率が高い20～40代をWebサイトのターゲットとし、ヨガと合わせて訴求することで「コールハーブ」を美容＆ダイエットに効果がありスタイリッシュなミネラルウォーターとしてイメージ訴求を行い、販売増につなげる。

我々はなぜこれをやろうとしているのか？

■市場では機能面で他製品と差別化しない限り勝ち目がないため、美容とダイエットに効果があるミネラルウォーターというポジションを獲得したい。

この努力が成功したかどうかは、どうしたらわかるのか？

■6ヶ月後に行う市場調査で、ターゲット層に対する認知率を65%獲得する。

POINT

- ▶ プロジェクトの趣意をビジョンステートメントとしてまとめておけば、前提事項をメンバー間で共有しやすくなる
- ▶ 達成目標は、どこを目指しているのかわかるように定量化することが重要

Chapter 1

Section 4

Lecture

ビジュアルデザインの目的の明確化

ビジュアルデザインはすべての問題を解決できる魔法の杖ではない。ここでは、ビジュアルデザインの力を最大限発揮させるために、どのようなステップを踏むべきかについて述べる。

なぜ依頼したデザインが失敗するのか

何のためにビジュアルデザインをするかを明確にせず、まずビジュアルデザインを行う（変更する）ことだけが先に決まっているプロジェクトが多い。それは、ビジュアルデザインでは、目に見えて改善した印象が出せるからである。次の『デザインマネジメント』の一節に心当たりがある人も多いのではないだろうか。

「まず自分たちのしていることの意味を考えることなく、すぐにデザイン・プロジェクトに取り掛かるという大変な間違いを多くの企業が犯している。改良された新製品や新サービスを作るという熱意のあまり、マネージャーがわれを忘れ、何ヶ月も苦労した末に、ようやく間違った方向に進んでいることに気付くこともある。」

（キャスリーン・ベスト＝著『デザインマネジメント』）

しかし実際はビジュアルデザインを変えたところで、問題が解決しないということの方が多い。集客したいからデザインを変えたが、ページビュー数やユニークユーザー数は上がらなかったなどはその典型的なものである。集客には SEO、リスティング広告配信や多媒体からの誘導などの集客施策が必要だ。

こうした事態は、プロダクト・営業・サポートなどさまざまな課題の解決を、すべてビジュアルデザインにより解決してもらいたいという、「問題」と「解決手段」が未整理のために起こるのである。

適切な問題解決を行うためには、実際のデザイン作業に取り掛かる前に、ビジュアルデザインが何を目的として行われるのかを明らかにし、デザインにできることと目的にギャップがないかを精査することが重要だ（図 1）。

間違った問題解決手法としてビジュアルデザインを適用してる可能性もあり、問題解決の担当範囲を整理した結果、ビジュアルデザインは不要という結論に至ることも考えられるためだ（図2）。

図1：解決手段の検討プロセス

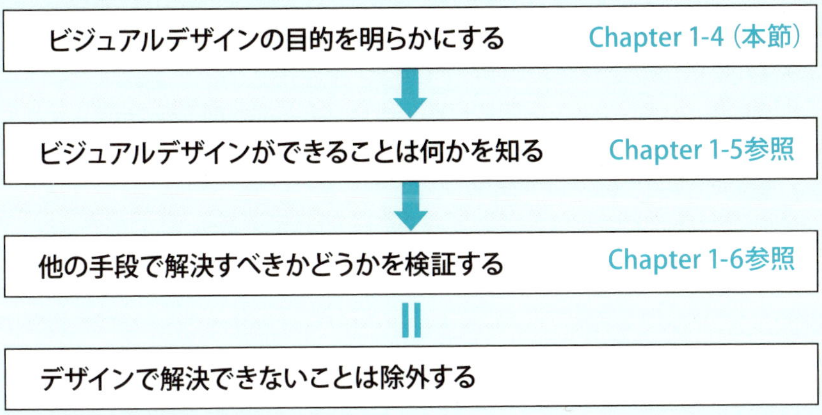
ビジュアルデザインの目的を明らかにする
Chapter 1-4（本節）
ビジュアルデザインができることは何かを知る
Chapter 1-5参照
他の手段で解決すべきかどうかを検証する
Chapter 1-6参照
デザインで解決できないことは除外する

図2：漠然とした期待では問題は解決できない

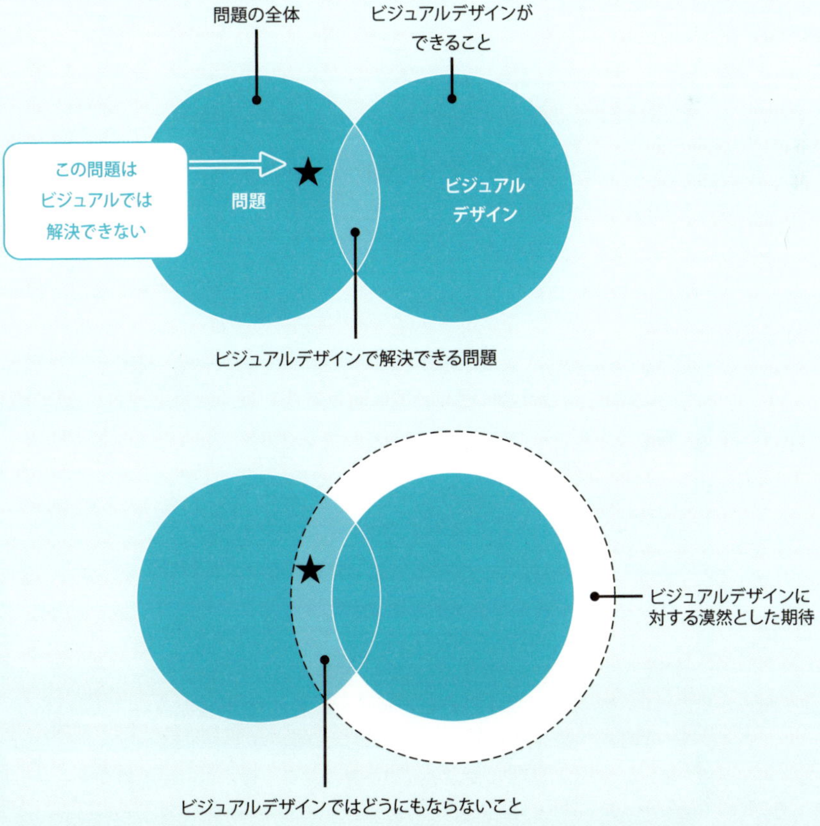
問題の全体
ビジュアルデザインが
できること
この問題は
ビジュアルでは
解決できない
問題
ビジュアル
デザイン
ビジュアルデザインで解決できる問題
ビジュアルデザインに
対する漠然とした期待
ビジュアルデザインではどうにもならないこと

ビジョンステートメントにあてはめて考える

ビジュアルデザインの目的を明かにするのにも、前節で解説したビジョンステートメントのフレームワークを用いることができる。こうして得られるものがビジュアルデザインのミッションステートメントである。

我々はこれから何をしようとしているのか？

まず、ゴールとなる「ビジュアルデザインによって何を達成するのか？」を明確にする。「1-3 プロジェクトの目的の明確化」で紹介したビジョンステートメントに沿った形で、ビジュアルデザインにどのような成果を期待しているのかを書き出す。「○○のリンクがより多く押されるようになる」、「来店者数が増える」など、具体的にする。数値目標があれば、「クリック率が 30% 増える」などと書く。

我々はなぜこれをやろうとしているのか？

次に「現状はどのようなビジュアルデザインか？」で、リニューアルなど現状あるものを変えようとする場合は、まず現状把握と認識共有からはじめる。現状のビジュアルデザインが前項のゴールに即しているかについて、良いポイント・悪いポイントを洗い出していく。

この努力が成功したかどうかは、どうしたらわかるか

そして、ビジュアルデザインによる成果を、どのようにして見極めるかを定量的な目標として「○%」「○人」「○円」など具体的に数値で設定する。

こうしてビジュアルデザインのミッションステートメントを明らかにした上で、手段としてビジュアルデザインをどう作るかや、どう変えるかを明確にする。この点は、最初は書き出せなくても問題ない。どのように変えるかは、デザイナーが考える領域だからだ。

図 3：ビジュアルデザインのミッションステートメント

我々はこれから何をしようとしているのか？

■ビジュアルデザインによって何を達成するのか、どのような成果を期待するのかを書き出す。

我々はなぜこれをやろうとしているのか？

■現状のデザインがある場合は現状のデザインの問題点把握と認識共有を行う。

この努力が成功したかどうかは、どうしたらわかるのか？

■ビジュアルデザインによる成果を見極める定量的な目標を設定する。

ただし、ビジュアルデザインを変えたい・こう変えたいという案が先行している場合は、このワークフレームにあてはめてみて、それぞれの案が有効かどうかを検討してみる必要がある。そうすることで、何のためにデザインを依頼するのかが再確認できたり、逆にデザインでは解決できないということに気付いたりするのにも役立つ。

POINT

- ミッションステートを書き出すことで、デザインで達成しようとすることが明文化できる
- 逆に、早い段階で「それはデザインの責任範囲ではないのでは？」ということに気付くことにも役立つ

Column

プレキックオフの重要性

プロジェクトのビジョンステートメントができた時点でプロジェクト全体としての「プレキックオフ」を行うことが望ましい。プレキックオフでは、プロジェクトの根本目的、プロジェクトの前提事項、検討事項、プロジェクト完了後に検討する事項を決裁者及びステークホルダーとコンセンサスを取り合う。これにより、プロジェクト途中での前提事項の変更や再検討（どんでん返し）に対する抑止力を高める。

この時点で重要なのは「開始にあたって、プロジェクト要件、進め方に変更の必要がないか意見を伺いたい」という姿勢だ。「決定事項なので承認をお願いしたい」というスタンスだと、意見の挟む余地がないものと認識されてプロジェクトへの参加意識がなくなり、協力が仰ぎにくくなる。また、進行後に問題が顕在化してからの風当たりが強くなる。マイケル・A・ロベルトは『決断の本質』の中で次のように述べている。

「人々がその決定の実行に同意して協力するということがコンセンサスの意味である。その決定に完全に満足しなくても、人々が最終的な選択としてそれを受け入れていればいいのだ」

つまり、プロジェクトのやり方に多少の異論はあっても、プロジェクトの推進に対して協力的である、というのがコンセンサスの本質的なところなのである。

Chapter 1

Section 5

Lecture

ビジュアルデザインによる問題解決

ビジュアルデザインの力を過大視し、そもそもビジュアルデザインでは解決できない問題を解決しようとしたり、逆に過小評価してビジュアルデザインが得意とする問題解決をそれ以外の方法で解決しようとしていないだろうか。これらの目安のつけ方をこの節で提示する。

デザインで解決できること

ビジュアルデザインの目的を明確にしたら、次に考えることは、今解決しようとしている問題がビジュアルデザインで解決できる問題なのかを見極めることである。ビジュアルデザインにできることがわからないと思う人もいるかもしれないが、デザイナーでなくともデザインのもつ機能・役割を理解することで、大まかな判断はつけられるようになる。

ビジュアルデザインとは、情報を視覚化したコミュニケーション手法である。その主な目的は「情報やメッセージを伝わりやすくする」ことである。ビジュアルデザインにできることは、大きく 3 つの軸でまとめることが可能だ（図 1）。

図 1：ビジュアルデザインにできること

情報やメッセージを伝わりやすくする

他との差別化
- 強調させる
- 印象のコントロール

感情に訴えかける
- 欲求を喚起させる
- 想像させる
- 共感させる
- 文脈を伝える

機能性を高める
- 視認性を良くする
- 優先順位を明確にする
- 直感的に動作を理解させる

ビジュアルデザインは、コンテンツ内容に沿った構造や仕掛け、ディティールの作りこみなどによって成立する。試行錯誤に時間がかかるため、機能面での設計（インフォメーションアーキテクチャ＝情報設計）と同時にビジュアルデザインを行うと、大幅な手戻りが発生してしまう。そのため、要素の決定や優先順位付けなどの大枠の検討は、やり直しが簡単にできるワイヤーフレームを使う形が望ましい。

他との差別化

差別化には大きく2つの方向性がある。1つは伝えようとしている情報やメッセージ自体の違いをビジュアルデザインによって強調すること。もう1つはビジュアルデザインのクリエイティブによる印象のコントロールである。

例えばある商品プロモーションページを作る時、売ろうとしてる商品に独自性や強みがあれば、それらを強調し、伝えるための手段としてビジュアルデザインが役立つ（図2）。一方商品自体にその他多数の商品との違いがない場合は、クリエイティブ表現による印象の差別化(高級な印象にしたり、可愛い感じにしたりという印象コントロール)がポイントとなる。Webサイトだけで考えるとなかなかそのような差別化は考えにくいが、広告やパッケージデザインなどではクリエイティブ表現の優劣で商品が選ばれるということは多々ある。

配色や写真、フォントなどは組み合わせてビジュアルデザインを行うことで「カジュアル」「エレガント」「清楚」「たくましい」「真面目」「ユーモラス」など、見る人に与える印象を大きく変えることができる。

企業やブランドの姿勢や個性、また商品の品質や価格など、現在持たれているイメージを体現することや、またこれから持ってもらいたいイメージや目指して

図2：デザインによる強調表現

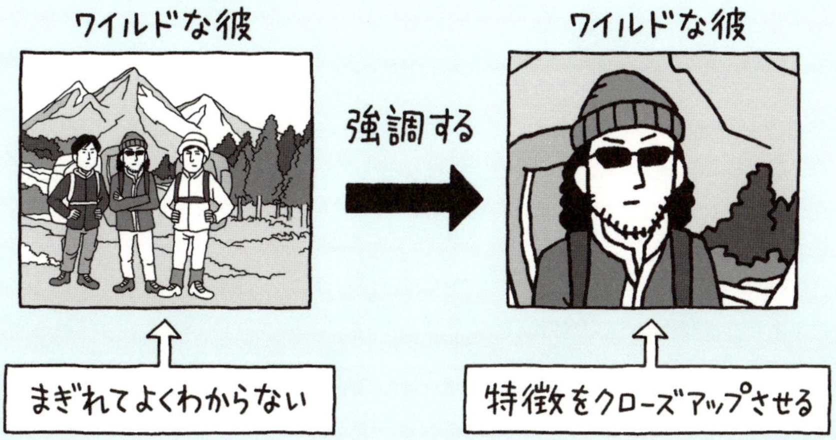

図3：デザインによる印象のコントロール

「そば」を例にすれば、上記のように漢字、ひらがな、アルファベット、またフォントを変えることで伝わる印象は大幅に変わる。

また、文字とイメージ、その組み合せにより、さらに幅広い印象の変更が可能である。

いるイメージの表現などをビジュアルデザインを通じて行うことが可能である（図3）。

雑誌のデザインを見てみるとよくわかるが、ターゲット読者の年齢層・性別・属性に合わせた印象を作り、その雑誌が「あなた」に向けた雑誌であると読者はすぐに理解できるようになっている。

感情に訴えかける

ビジュアルデザインにできることのひとつとして「感情に訴えかける」という機能がある。言葉でくどくど説明せずとも、ひと目見た印象で「欲求を喚起させる」ことや、「共感させる」ことができる。印象そのものは、楽しい感じ、優しい感じなど、デザインそのものが持っている雰囲気やイメージに過ぎないが、Webサイト全体の色や使われている写真・フォント・文章などにより、言葉にできない感情を表現したり、画面上には存在しない音や空気感などを記憶からよみがえらせたり、食べてみたい、触ってみたい、行ってみたいといった欲求を喚起することができる。

このような感情への訴えかけはビジュアルデザインとコンテンツや、コピーライティングなどを組み合わせた結果であり、デザインだけで欲求を喚起することは難しい。

機能性を高める

これはWeb特有の「ビジュアルデザインにできること」と言っていいだろう。Webサイトは「使う」ものなので、デザインによって次のように機能性を高めることが可能である。

- ナビゲーションボタンのサイズや色を迷わないようにデザインする
- 関連する項目を近付けてグルーピングし可読性を上げる
- タイトルや見出しを強調し視認性を上げる（図4）
- ページ内に掲載するものに優先順位をつけ、何を伝えたいページなのかが、すぐわかるようにする
- アイキャッチ画像を配置し、直感的にリンク先をイメージできるようにする

機能性が高いWebサイトとは、見やすくわかりやすいものと言える。ページに掲載する要素の決定や、その優先順位付け、情報のグルーピングなどは情報設計の領域（ディレクターやインフォメーションアーキテクトが主に担当する）となり、ビジュアルデザインより前の工程で完了しておくことが必要だ。ビジュアルデザインは、情報設計で決めた要件をより効果的に表現することに注力したほうがよい。

図4：デザインによる機能性の向上

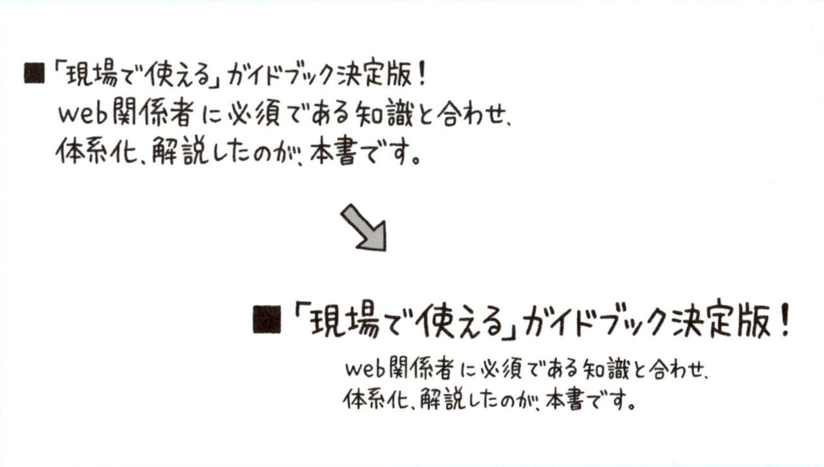
■「現場で使える」ガイドブック決定版！
web関係者に必須である知識と合わせ、
体系化、解説したのが、本書です。
■「現場で使える」ガイドブック決定版！
web関係者に必須である知識と合わせ、
体系化、解説したのが、本書です。

タイトル文字を大きくする（ジャンプ率を上げる）ことで、視線を落ち着かせるポイントを作り、読みやすくしている。このようにデザインで機能性を向上することが可能である。

POINT

- ▶ **デザインと情報設計は分けて行ったほうが効率的**
- ▶ **デザインでできることは「他との差別化」「感情に訴えかける」「機能性を高める」の3つ**

Chapter 1

Section 6

Lecture

他のアプローチによる問題解決

ビジュアルデザインが適切な解決方法かどうかを判断するには、ビジュアルデザイン前後の工程で解決すべきことについても知っておく必要がある。次のような視点を持つことが有効である。

ビジュアルデザイン以外で解決すべき問題

プロダクトの課題や、営業上の課題、サポートの課題など、それぞれの工程でなければ解決できないような問題は、ビジュアルデザインではどうやっても解決することはできない。それぞれの問題がどの局面で解決すべき問題なのか、次のようの視点で整理をしていくとよい。

プロダクトやブランドの問題

プロダクトやブランドが明らかに競合に比べて劣っており、エンドユーザーがそれを選ぶメリットが見つからない場合には、Web 上でのビジュアルデザインで

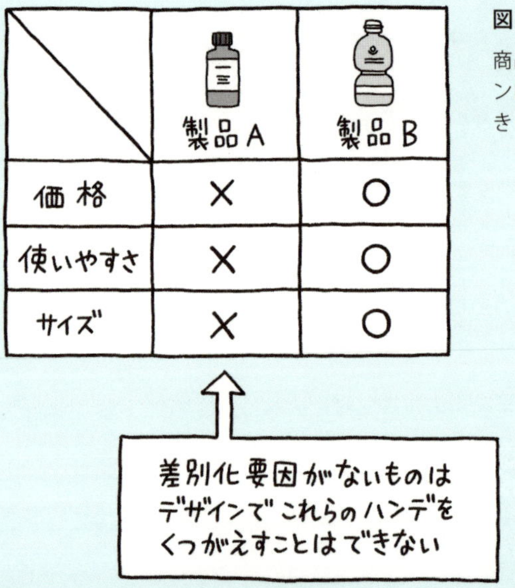

図 1：プロダクトやブランドの問題

商品に問題があれば、デザインに手を入れても競争力は大きくアップすることはない。

競争力を高めるのは、ほとんど不可能である（図 1）。

ただしプロダクトやブランド自体の競争力を高める戦略として、全体イメージの刷新など、統合的なコミュニケーション戦略に基いてビジュアルデザインを活用するのは有効である。

Web にアクセスしない顧客層の問題

Web サイトへの流入は、顧客層全体からすると一部であることが多く、マスコミ広告や店舗等でのセールスプロモーションでコミュニケーションを行ったほうが有効な場合がある。「予算の関係上 Web で」、というケースはよく見られるが、想定顧客数に対する Web サイトの来訪者数などで、Web 上の顧客の規模については事前に調べ費用対効果を割り出しておいたほうがよい（図 2）。

Web サイトにアクセスする機会があまりないであろう「IT リテラシーが低い顧客層」に向けた製品情報を、Web サイトでのみ掲載している、というようなミスマッチな事例は多々ある。

マーケティングの領域になるが、販売だけでなくカスタマーサポートや、リテンション施策（顧客維持や引き留めの施策）を行う際にも、どのメディアで対策を取ると効果が高いのかは意識しておく必要がある。

図 2：Web にアクセスしない顧客層の問題

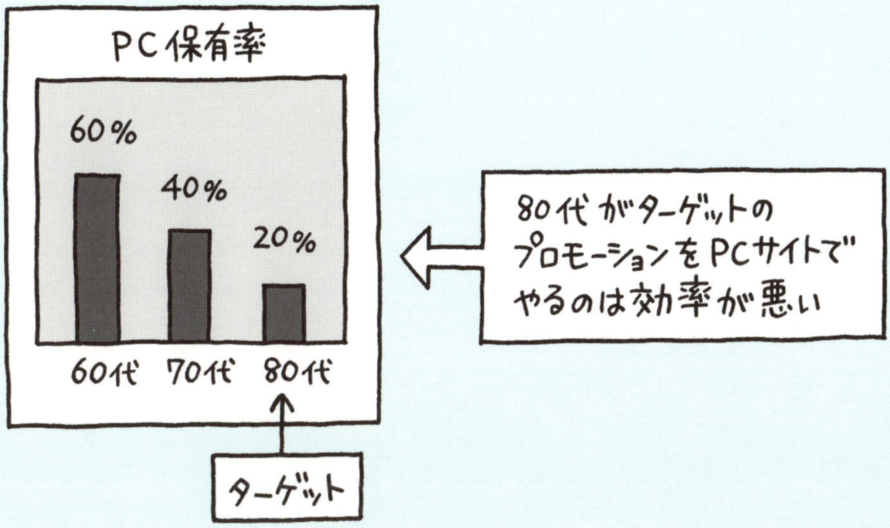

Web プロモーションで 80 代がターゲットでは伸びが期待できない。

Web サイトへの流入経路の問題

Web サイトはマスコミ広告に比べ、検索をかけるなどの能動的な行動があって初めて訪れてもらえるメディアである。そのため、CM や広告を作る感覚で Web サイト上のみで面白いことや目新しいことなどを行っても、誰にも気が付かれないという可能性がある。

サイト上での施策は、認知や広告よりむしろ、興味喚起や記憶に効果的である。Web サイトへの流入増加が必要な場合はサイトでの施策だけではなく、どのように流入させるかということ（SEO やリスティング広告配信、メールマガジンなど）を考えなければいけない。

近年 Twitter や Facebook など、ユーザーが使用しているソーシャルメディア経由でのサイト訪問が増えてきている。検索エンジンからの流入施策だけでなく、ソーシャルメディアでの情報提供や話題演出など立体的なコミュニケーション設計も考える必要が出てきている。

図 3：Web サイトの流入経路の問題

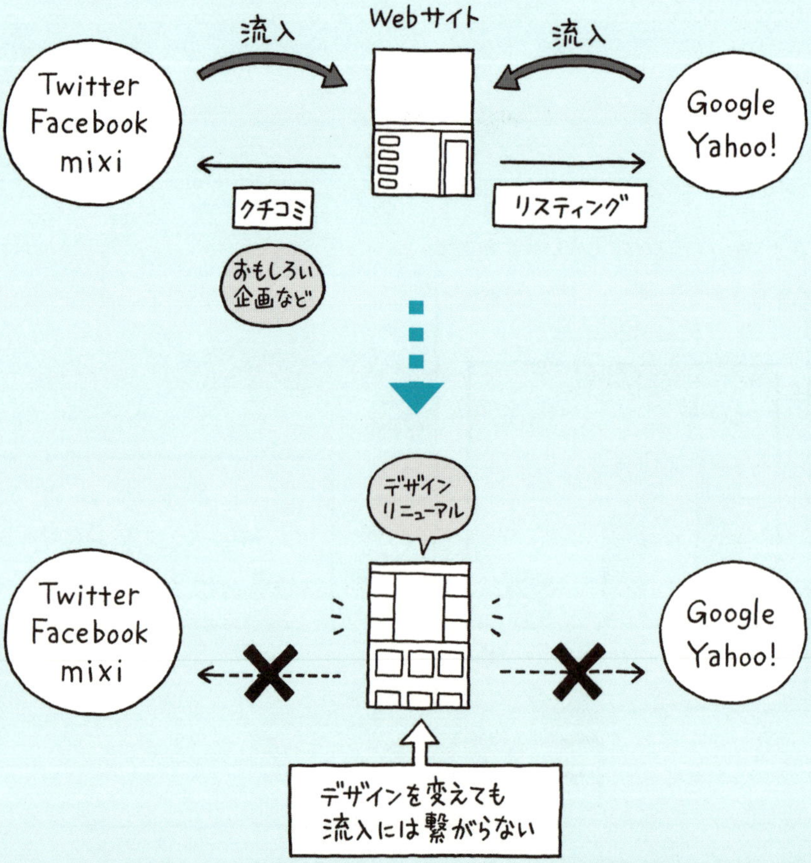

図 4：情報設計の問題

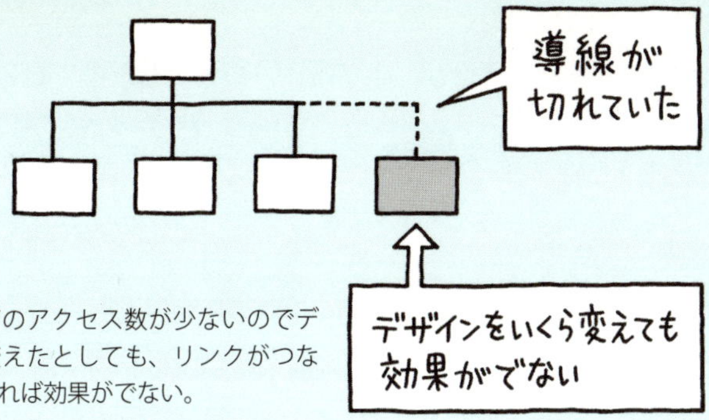
導線が
切れていた
デザインをいくら変えても
効果がでない

あるページのアクセス数が少ないのでデザインを変えたとしても、リンクがつながってなければ効果がでない。

情報設計の問題

アクセスを増やしたいページが深い階層にある、リンク元が 1 箇所しかない、情報のグルーピングがおかしくユーザーが混乱を招いているなど、必要な情報やリンクに関することは情報設計上の問題である。

大きく分けると、ビジュアルデザインは印象や感情の訴求、画面上での機能性などの問題解決を行う。一方、情報設計はサイト全体での機能や、ユーザー行動に関する問題解決を担う。プロセス上では情報設計後にその設計を具体化するのがビジュアルデザイン及びコンテンツ制作となる。

デザインと情報設計は密接に関わっており、プロジェクトの規模によっては同時に行われることもあるため問題の分離が難しい面もあるが、Web サイトの構造・導線・ナビゲーション・コンテンツプランニングなどが情報設計の問題解決範囲である（図 4）。

コンテンツの問題

商品に関する説明が 1 行しかない、写真の利用ができず文章しか使えない、事業者視点のみでユーザーの利用シーンが思い浮かばない文章であるなど、コンテンツの中身や情報量に起因する問題はビジュアルデザインでは解決が難しい。コピーラインティングもビジュアルデザインではなくコンテンツの問題と考えたほうがよいだろう。

ただし、写真素材が用意できない場合に、制作者がロイヤリティーフリーの画像を用意したり、ライツマネージド画像を使ったりという形で対応する場合がある。カメラマンを使った写真撮影はビジュアルデザインを担当するデザイナーがフォトディレクションを行うことも多いため、写真の撮影・選定はビジュアルデザイン側で対処できる問題である。

プロセスの問題

「デザインリニューアルを行いたいが、半年後にロゴが変わるので新しいロゴに変えてもおかしくないデザインをとしたい」というような要望は、プロセスとして問題がある。そのようなデザイン依頼はたとえるなら、結婚相手も決まっておらず、どのぐらいの人を呼ぶか決まっていない、どこでやるか勝手に決められない、そうした状況で未来を見据えて結婚式場を選ぶのと同じようなことである。

プロセスとして事前に決めるべきことが決められないので、後ろの工程を先にやっておくというようなことは、結局は手戻りが大幅に発生するのでやるべきではない。決められないならば、作業のスコープを少なくすることで対応するなどの変更をすべきである。ビジュアルデザインに限らないが、プロセス上の問題を個別のタスクで吸収することは、無理だと考えておいたほうがよい。

課題のブレを防ぐために

以上のような、ビジュアルデザインでは解決できない問題や課題を、ビジュアルデザインで何とかしようと考えていることはないだろうか。ビジュアルデザインを依頼しようか？と考えたときには、ここで説明した内容について事前にチェックをしておくことが望ましい。

この章で紹介してきた依頼目的の確認～要件定義のプロセスは、その都度ドキュメント化する必要はない。ただし、関係者が多く入れ替わりが発生するようなプロジェクトではドキュメント化しておいたほうが意思疎通が楽になるだけでなく、問題点の整理・検証を複数で行えるため失敗が少なくなる。

また、これらのタスクを必ずしもすべて発注者が行う必要はない。目的やミッションの設定は発注者にしかできないタスクであるが、一方、問題の発見とその解決方法の選定というタスクは、要件定義フェーズとしてパートナーと一緒に進めることも可能だ。

ただし要件定義やプロジェクトプランニングの内容によってプロジェクト全体の規模・予算・スケジュールが大幅に変わるため、要件定義のみで１つのプロジェクトとして別予算で行ったほうが安全である。プロジェクト全体で予算を先に決めてしまい、その中で要件定義を一緒に行ってしまうと、プロジェクトの実行段階で予算が合わなくなるなどの問題に繋がる可能性が高い。また、予算を念頭に置いて、要件定義を簡略化したり省くようでは本末転倒なのである。

POINT

- ▶ ビジュアルデザインで解決すべき問題なのかをよく考える
- ▶ 前工程、後工程で対応すべき問題はビジュアルデザインでは解決できない

Column

デザイナーのタイプ

デザイナーはどのような人種なのだろうか？「デザイナー」とひと括りに語ってしまうのは乱暴ではあるが、筆者の経験上、４つの軸で分析できるように思われる。それぞれのタイプに合った仕事の依頼ができるようになれば、お互いに効率的に良い結果を生めるだろう。

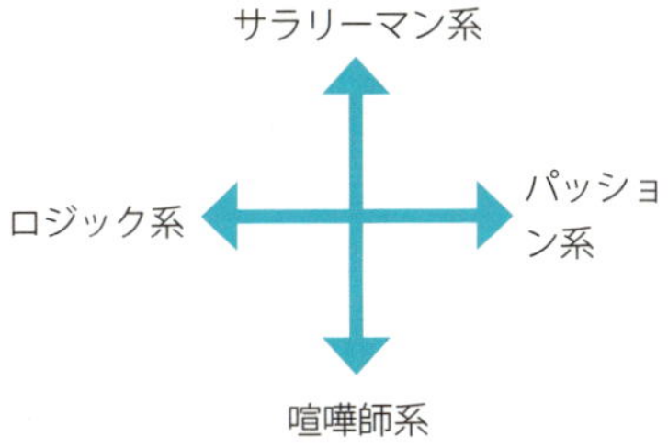

パッション系……コンペの内容を聞いて絵が浮かび、絵に対して理屈をつけていくようなタイプ。外から見るとイメージがすぐに浮かぶアーティストのように見えるが、言葉になる前の抽象的な状態でロジックを考えており、後から言語化するということを行うタイプだ。一般的に、デザイナーというとパっとステキなデザインを思い付く人と考えられており、ある意味このタイプが一番そのイメージに近いだろう。

ロジック系……ビジネスニーズやユーザーニーズを元にコンセプトを練り上げ、要件をブレイクダウンしてデザインに落とし込むのが得意なタイプである。商業デザインは、目的を達成するための手段と考えており、パッション系とは反対に、そのような言語的なロジックから積み上げ、最終的にデザインに昇華する。このタイプは理屈っぽく、理屈が通らない要望には不満を感じる人が多い。

サラリーマン系……相手に合わせ柔軟にデザインを変えられ、品質はきっちり無難にまとめるタイプだ。許容できるレベルでのプラスアルファのちょっとした提案等も入れつつ、要件を上手くまとめていくことが得意。このタイプは、逆に尖った提案やクライアントが与えた情報以上の発想を提案するのが苦手な傾向が強い。

喧嘩師系……在るべき姿を突き詰め、デザインで問題を解決しようとするタイプ。問題解決として実効性の高いデザインを行おうとするため、発注者のあいまいな要件や、体制の脆弱さについても追求が厳しく、良いものを作るためにぶつかり合うというタイプである。尖ったデザインにする場合はいいが、無難なデザインにしたい場合は起用するリスクが高いだろう。

Chapter 1

Section 7

Case Study

サイトを作る目的を知る

「1-2 プロジェクトの前提事項を知る」の内容や「1-3 プロジェクトの目的の明確化」を踏まえて、プロジェクト開始時におけるプロジェクト目的の明確化の重要性についてケーススタディで学んでいく。

登場人物

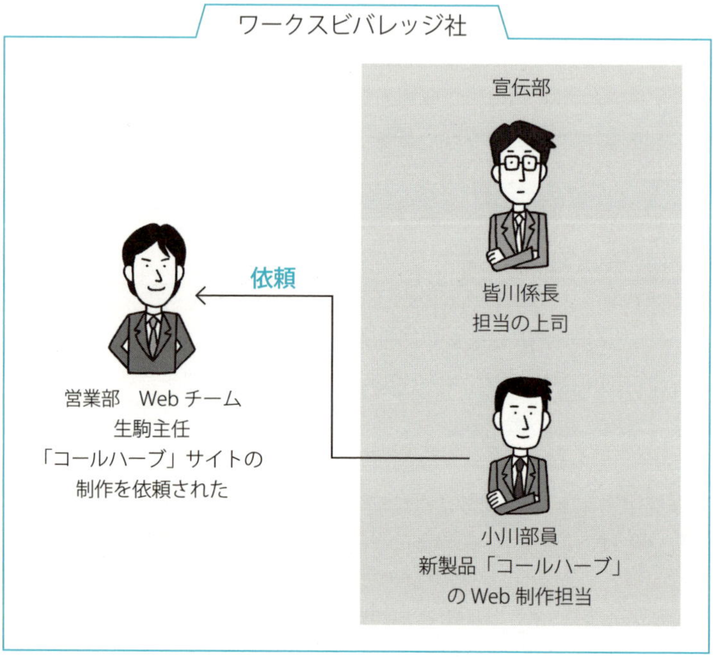
ワークスビバレッジ社
宣伝部
皆川係長
担当の上司
依頼
営業部　Web チーム
生駒主任
「コールハーブ」サイトの
制作を依頼された
小川部員
新製品「コールハーブ」
の Web 制作担当

▶このプロジェクトの教訓

「とりあえずデザインを作って」と依頼され急いで作るが、後でいろいろなことが見えてきて手戻りが発生する。このような例は現場ではよく発生する。目的がはっきりしているようで、達成手段しか見えていないためにこのようなことは起きるのである。キックオフミーティングではどのような内容を聞くべきなのか、またヒアリング時にはどのような質問をしたらよいのか、ということを考えながら読み進めていただきたい。

Case Study

Story【ストーリー】

キャンペーンサイトの作成依頼

中堅飲料メーカーのワークスビバレッジ社はミネラルウォーター市場では後発であったが、このたび海外ミネラルウォーターブランドの「コールハーブ」と業務提携し市場に参入することを決定した。「コールハーブ」はダイエット効果や美容効果のあるミネラルウォーターとして海外市場では実績があったが、日本ではあまり知られていなかったため、さまざまな媒体を使ってキャンペーンの実施が計画された。

キャンペーン計画の主導は宣伝部だが、Web サイトに関しては経験が少ないためコーポレートサイト主管部門である営業部の Web チームがサポートに入った。Web チームが最初に招集された会議で、宣伝部の皆川係長から次のようにキャンペーンサイト作成の依頼があった。

皆川係長

新商品コールハーブ発売に伴いキャンペーンを行うので 10 ページ程度のキャンペーンサイトとバナーを作りたいと考えているのだが、約 3 ヶ月後の△月 20 日にローンチは可能だろうか？

生駒主任

10 ページであれば 3 ヶ月もあれば問題ありません

小川部員

20 代～ 40 代女性向けのデザインでまずはラフデザインを起こしてもらいたいのです。叩き台になるデザインがないと話も進まないんで、なる早でデザインお願いします！

そのほかの要件は下記のようなものであった。

- キャンペーンの内容はヨガ雑誌とタイアップする形で、抽選でヨガマット＆ヨガ DVD ＋「コールハーブ」1 ケースプレゼントのほか、各地のヨガスタジオともタイアップし、クーポン印刷で体験コース参加が無料＋「コールハーブ 1.5 リットル」のプレゼントを行う
- コールハーブのターゲットは 20 代～ 60 代の女性だが、Web は中でも 20 代～ 40 代女性をターゲットとして展開することが決まっている

宣伝部側ではすでにキャンペーンに関する内容が話し合わされているようで、すぐにでも作ってくれという雰囲気である。生駒主任は、なぜ Web は 20 ～ 40 代に限定してるんだろうか、と思いつつも質問しそびれてしまった。

取り急ぎは「まずはラフデザインを作って欲しい」ということはわかったので、生駒主任はさっそく外部デザイナーに依頼しデザインを進めることにした。

はっきりとしない目的

生駒主任はデザイナーと協議し、パッケージデザインの「シンプルでキレイめなデザイン」を活かす形で20代向けなラフデザインを作ってみることにした。後日外部デザイナーから上がってきたデザインはラフデザインのため荒削りながら、20代女性だったら好感を持ちそうなシンプルで可愛らしいデザインになっていた。しかし宣伝部側の反応はイマイチなものであった。

小川部員

自分としてはそんなに悪くないとも思うのですが、皆川係長はちょっと違うんじゃないか、これ目的に沿ってないだろうっていうんですよね…

生駒主任

目的か。そういえば要件の中にはWebサイトのゴールが示されていなかったじゃないですか。商品のターゲット年代とWebのターゲット年代が違うのにも理由があるんですか？

小川部員

うーん…。そういえばなんでだろう、なんか僕が参加したときは既に決まっていたんですよね。Webの方は20~40代向けと…

生駒主任はそれ以外にも、キャンペーンの目的、目標、費用負担部門はどこかなどを小川部員に聞いてみたが、小川部員は情報を持っていなかった。

ヒアリング

プロジェクトに関する不明点が多く、このままではどのようなデザインを作ればよいかが見えない。そこで、生駒主任は宣伝部の皆川係長のほか、宣伝部関係者数人にヒアリングを行った。その結果わかったことは次のようなことだった（57ページの図）。

生駒主任

インターネットの利用率が高く、ミネラルウォーターをあまり利用しない40代へ向けたデザインが求められているんだね。ただし、20代前半も商品としてはターゲットとなるため、それなりに若いユーザーも考慮してデザインする、と

小川部員

なるほど～！勉強になるなあ…。では、当初案よりもっと落ち着いた感じで、ロハス、マクロビなどの方向性かもしれませんね。地味すぎるとスタイリッシュなブランド性にそぐわないので注意してくださいね

- キャンペーン全体としての目的
  「コールハーブ」は他のミネラルウォーターよりも機能性が高く、スタイリッシュであることを差別化要素として訴求し、新ブランドとして市場浸透度を高めたい。
- ターゲット
  40代は一番ヨガ人口が多いが一番ミネラルウォーターの利用率が低いので、ヨガ＋ミネラルウォーターという組み合わせキャンペーンを行いたい。50代以降はネットでの効果が薄いためWebキャンペーンは20〜40代向けとする。ただし20代前半はヨガ人口が少ないので今回のキャンペーンは40代により訴求したい。
- 費用負担
  部門費用は宣伝部が持つが、ヨガ体験教室のタイアップ企画は営業部支援施策でもあるため、営業部Webチームがサポートに入る

これらの情報を元に、デザイナーと協議した結果、Webサイトのデザインは安っぽくなりがちなダイエット色は薄め、ハイクラス感を持った美しさとして、ヨガビューティー＆ナチュラルウォーターというコンセプトのもと、デザインを進めることとなった。

Analyze【分析】

このケースは、他部門からの依頼でありがちな、「とりあえずデザインを作るが、後でいろいろな前提事項があったことが発覚する」という例だ。このようなことを減らすためにはどのような点に気をつければよいのか、ポイントごとに見る。

キックオフ

他のキャンペーン等も含め先行した動きをしていた宣伝部と、初参加する営業部生駒主任の間には前提事項に対する大きな差があったが、場の雰囲気にのまれてしまい質問ができていない。このようなスタート地点に大きな差があるような関係の場合は、事前にキックオフで質問する質問事項を用意し、会議の議題に組み込んでもらったり、非公式な場でもよいので事前に軽く情報収集をするなどをしておいた方がよいだろう。

事前の動きが難しい場合は、キックオフ後に質問事項をリストアップして回答を得るという方法もあるが、前提事項に関する質問は関係者がいる場で認識合わせを行ったほうがよい。このケースでは皆川係長と同じ営業部の小川部員も事態をあまり把握していないことから、宣伝部の上層部内で話が進んでいたことが伺えるが、そのような認識の差をキックオフで埋めることができれば、そのあとの進行がスムーズになる。

ヒアリング

ヒアリングには公式なものと非公式なものがある。公式なものとは、業務としてミーティングをセットし質問事項をヒアリングするものだ。非公式なものは、電話や直接席に行って話を聞いたり、休み時間やランチなどで情報を聞くというものである。

このケースでは費用負担はすべて宣伝部持ちだが、営業支援的な内容を盛り込むため、交換条件として営業部Webチームが駆り出されたという経緯がヒアリングでわかった。ケースの中では語られていないが、営業支援的な内容が盛り込まれるということは、ステークホルダーとして営業部の上層部も重要になってくるということを意味している。このような情報は公式な場では語られないことが多いため、非公式なヒアリングが重要となる。

ビジョンステートメントによる目的の明確化

キックオフ時やヒアリング時は「1-3 プロジェクトの目的の明確化」で紹介したビジョンステートメントの項目を意識して質問をしてみるとよい。ビジョンステートメントを埋めるために、どのようなことを聞かなければいけないかが見えてくるはずだ。

Case Study

本ケースをビジョンステートメントにまとめると、次のようなものになる。

図1：「コールハーブ」キャンペーン全体のビジョンステートメント

我々はこれから何をしようとしているのか？

■海外で培ったスタイリッシュなブランドとしての認知率向上、ダイエット効果や美容効果といった機能面での違いの理解促進を目的としたキャンペーンを行う。
■ターゲットは20代〜60代の女性。Webサイトではインターネットの利用率が高い 20代〜40代をターゲットとし、ヨガと合わせて訴求することで「コールハーブ」を美容&ダイエットに効果があるスタイリッシュなミネラルウォーターとしてイメージ訴求を行う。

我々はなぜこれをやろうとしているのか？

■「コールハーブ」はミネラルウォーター市場では後発で、加熱しているミネラルウォーター市場では機能面で他製品と差別化しない限り勝ち目がない。そのため、美容とダイエットに効果があるミネラルウォーターというポジションを獲得したい。
■海外ブランドではあるが認知率が低いため、認知率を高め、スタイリッシュなブランドであることを伝え、女性からの支持を集めるブランドに成長させる必要がある。またミネラルウォーターの利用度が低い40代に対して利用のきっかけを作るブランドとなりたい。

この努力が成功したかどうかは、どうしたらわかるのか？

■半年後に行う市場調査で、ターゲット層に対する「コールハーブ」の認知率を65%とする。また「コールハーブ」認知者のダイエット効果美容効果の機能認知率を30% とする。またWebのキャンペーンで体験コースを紹介するヨガスタジオを50店舗とする。

Chapter 1

Section 8

Case Study

進まない要件定義をプロジェクト化する

「1-4 ビジュアルデザインの目的の明確化」、「1-5 ビジュアルデザインによる問題解決」、「1-6 他のアプローチによる問題解決」の内容を踏まえて、プロジェクトの要件定義フェーズを進める際の注意点についてケーススタディで学んでいく。

登場人物

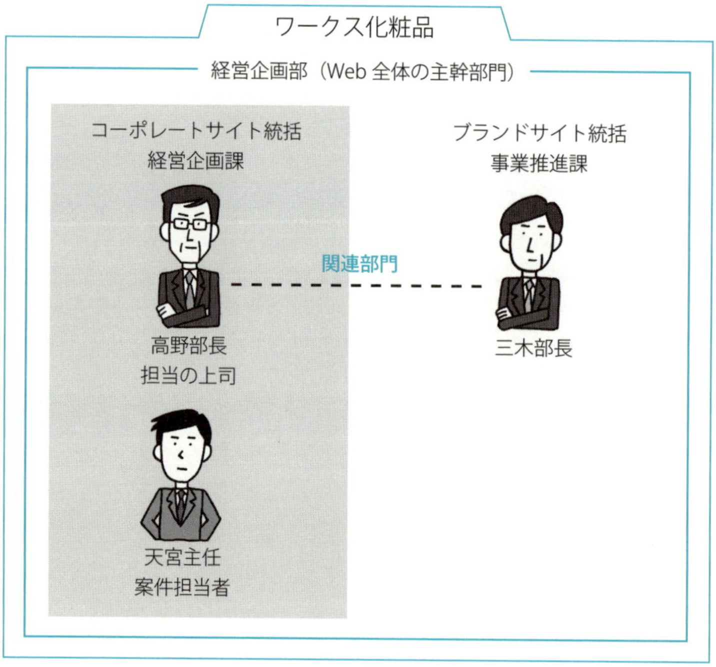

ワークス化粧品
経営企画部（Web 全体の主幹部門）
コーポレートサイト統括
経営企画課
ブランドサイト統括
事業推進課
関連部門
高野部長
担当の上司
三木部長
天宮主任
案件担当者

▶このプロジェクトの教訓

リニューアルプロジェクトなどで散見されるのは、様々な関係者がこの際に色々直してしまおうと意見や要望を上げ、要件が膨らみ収拾が付かなくなるという事態だ。要件定義フェーズでは意見・要望を聞くだけでなく、どのようにまとめていったらいいのだろうか。どのような点に注意すべきかを考えながら読み進めていただきたい。

Case Study

Story【ストーリー】

きっかけはユーザーの声

大手化粧品メーカーのワークス化粧品ではWebサイトのトップページを時流に合わせる形で1年に1度リニューアルを行っていた。これまでは社内でコンセプトを検討した後に外部の制作会社を入れデザインに落とし込んでいくという手順で進めていたが、近年コンセプチュアルな方向性に寄り過ぎており、エンドユーザーから使いづらいという声が寄せられるようになっていた。そのため今回のリニューアルは、ユーザーの声を反映させたトップページを制作するという方向性で進めることとなった。

以下は、ワークス化粧品のWebサイトリニューアル検討会議にてのひとコマである。

天宮主任：カスタマサポートセンターや、Webサイト上からトップページが使いづらいという声が寄せられています。今年のリニューアルはそれらの声を取り入れ、トップページだけでなく、サイト全体をユーザビリティの高いものにするようリニューアルを行ったほうがよいのではないでしょうか

ワークス化粧品は化粧品ごとにさまざまなブランドを持っており、その数は100を超える。基本的にはトップページ配下にそれぞれの化粧品ブランドの紹介と、各ブランドサイトへの導線が用意されているという形の構成である。しかし、

Web サイト担当の経営企画部 天宮主任が調べてみたところ、直接ブランドサイトに飛んでしまうものがあったり、ブランドの紹介ページがあっても中身やタイトルやリンクのラベルがバラバラだったりと、サイト全体で統一感のないものとなっていることがわかった。

リニューアルの検討

ワークス化粧品 Web サイトリニューアル検討会議には、Web サイト主管の経営企画部 高野部長、天宮主任、ブランドサイトの統括をしている事業推進部の三木部長をはじめとする Web サイト関係者が集まっていた。

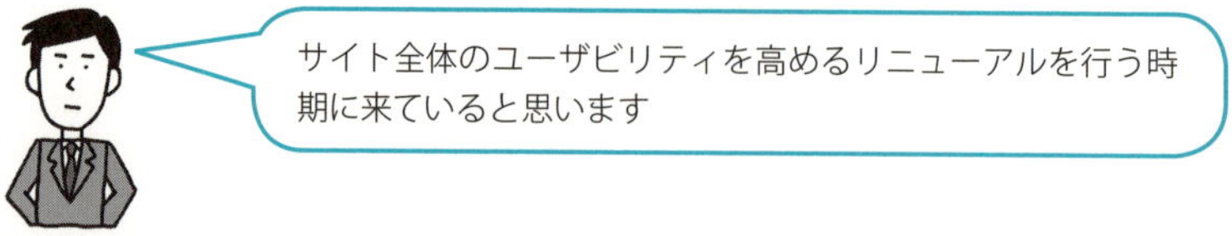
サイト全体のユーザビリティを高めるリニューアルを行う時期に来ていると思います
天宮主任

天宮主任は、現状サイトの構造がバラバラになっていることを示す自身が作成した調査資料と、カスタマサポートから上がってきたユーザーの声をまとめたレポートの説明を始めた。事業推進部の三木部長は資料を眺め、質問した。

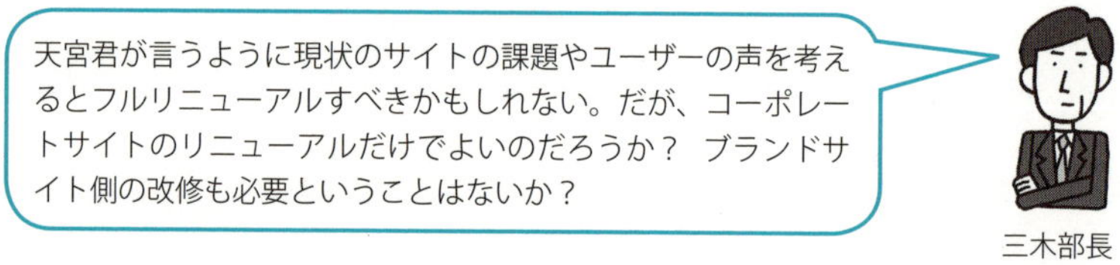
天宮君が言うように現状のサイトの課題やユーザーの声を考えるとフルリニューアルすべきかもしれない。だが、コーポレートサイトのリニューアルだけでよいのだろうか？ ブランドサイト側の改修も必要ということはないか？
三木部長

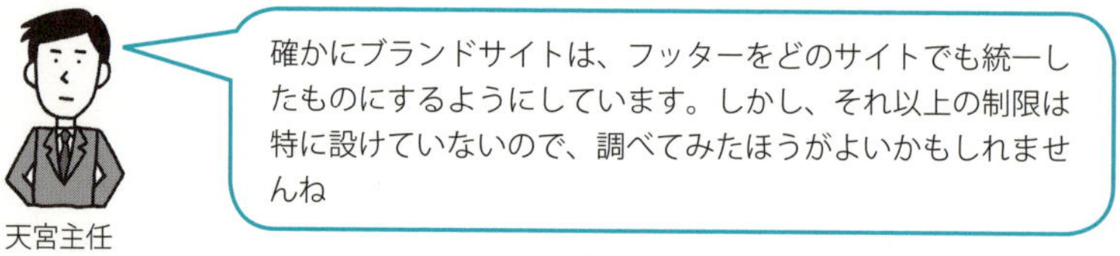
確かにブランドサイトは、フッターをどのサイトでも統一したものにするようにしています。しかし、それ以上の制限は特に設けていないので、調べてみたほうがよいかもしれませんね
天宮主任

進まない要件定義

Web サイトリニューアル検討会議はその後も数回開催されたが、リニューアルするならば、これを機会にあの部分も直したほうがよいのではとさまざまな要望が出された。その結果本来のユーザビリティ向上のリニューアルという目的から逸れ始め、さまざまな要望ばかりが膨らむ状況となっていた。

また要件が決まっていないため、数社の制作会社にリニューアルの打診をしてみたものの、提案内容や見積金額の幅が開きすぎ、とても予算を組めるような状況ではなかった。

高野部長：予算も提案内容もバラけすぎている。もっと要件を詰めなければいけないね

天宮主任：いまの状態ではどのようなリニューアルを行うか自体が決められないので、困っています

高野部長：現状の議論はユーザーの声という、少ない生の情報を元に推測で話が進んでいるよね。それではどうしたって議論はまとまらないはずだよ。ユーザビリティの向上というコンセプトは決まっているんだから定量的なデータを取って課題点を洗い出すためにも、何を直すべきかを明確にする調査・要件定義をプロジェクト化したほうがいいだろう

高野部長のアドバイスを受けて、天宮主任が制作会社にこの状況を相談したところ、次のような調査プランを提案され、調査結果をもとに要件定義を行うことを提案された（図1）。

調査結果レポート、要件定義書のドキュメントを納品する部分まで費用はすぐに制作会社から示された。また、アドバイスをくれた高野部長と相談の結果、調

図1：提案された新しいプロセス

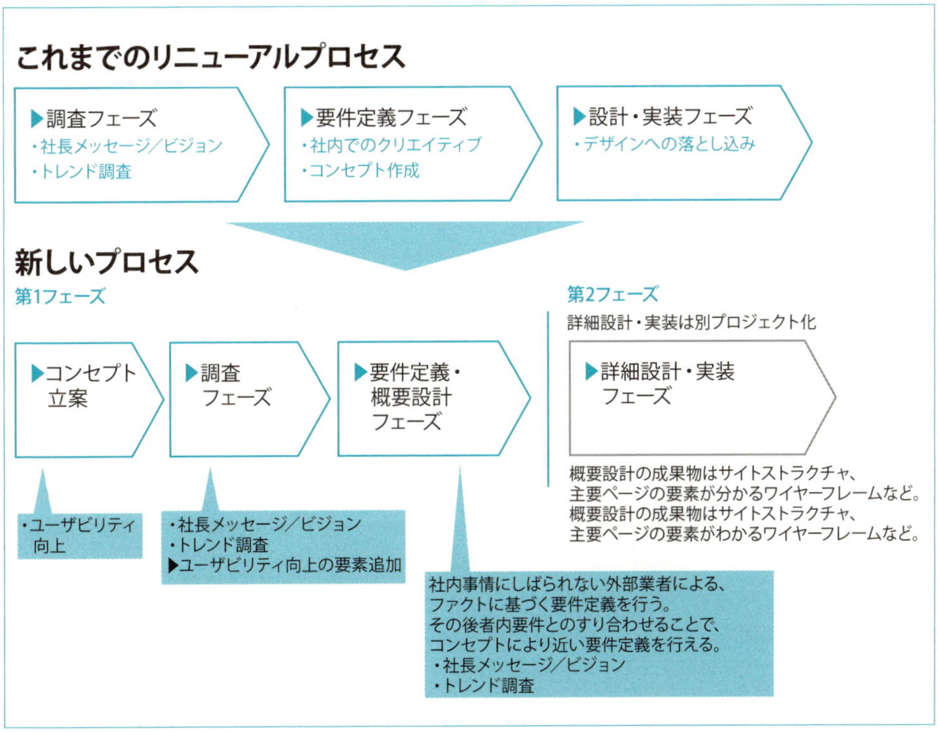
これまでのリニューアルプロセス
▶調査フェーズ
・社長メッセージ／ビジョン
・トレンド調査
▶要件定義フェーズ
・社内でのクリエイティブ
・コンセプト作成
▶設計・実装フェーズ
・デザインへの落とし込み
新しいプロセス
第1フェーズ
▶コンセプト立案
▶調査フェーズ
▶要件定義・概要設計フェーズ
第2フェーズ
詳細設計・実装は別プロジェクト化
▶詳細設計・実装フェーズ
概要設計の成果物はサイトストラクチャ、主要ページの要素が分かるワイヤーフレームなど。
概要設計の成果物はサイトストラクチャ、主要ページの要素がわかるワイヤーフレームなど。
・ユーザビリティ向上
・社長メッセージ／ビジョン
・トレンド調査
▶ユーザビリティ向上の要素追加
社内事情にしばられない外部業者による、ファクトに基づく要件定義を行う。
その後者内要件とのすり合わせることで、コンセプトにより近い要件定義を行える。
・社長メッセージ／ビジョン
・トレンド調査

査・要件定義までをWebサイトリニューアルの第1フェーズ、リニューアルを実際に行うのは第2フェーズとし、フェーズ分けをすることになった。

☛ 要件定義のプロジェクト化

調査・要件定義のプロジェクトは1ヶ月で調査を行い、その後の1ヶ月でレポートのまとめて改善案の検討を行う、2ヶ月のプロジェクトとなった。

ユーザーテストやアクセスログ解析の結果、現状のWebサイトでは各ブランドサイトに行きたいと思っているユーザーが、トップページからだとなかなかたどり着けないことが明らかになった。

CMを見てワークス化粧品のWebサイトにアクセスしても、見たいブランドを見つけられないという意見も多かった。グローバルナビゲーションもIR情報・CSR活動・会社案内など、アクセスの少ない企業情報が大半を占めており、ユーザーのニーズとマッチしていないこともわかった。

一方、各ブランドサイトまでたどり着いたユーザーはブランドサイト内の滞在時間は長く、キャンペーンへの応募率も良好であることがわかった。ただし、各ブランドサイトに来たユーザーは、本体サイトに戻って他のブランドサイトや商品を探すということはほとんどしていなかった。

また各ブランドサイトの担当者への運用課題ヒアリングによると、ブランドサイト内でのメニュー名や見出しなどのラベルはターゲットとなるユーザーの年齢やライフスタイルに合わせ最適化しているため、全体で統一されるのは望ましくないと思われている結果も出た。

これらの調査結果を踏まえ、制作会社からの提案は次のようなものだった。

- トップページはブランド情報や商品と企業情報（会社案内・IR情報など）が入り混じっているので、企業情報は企業情報サイトとして独立させる
- トップページのPRエリアはCM連動のブランド導線とする
- トップページのPRエリアにブランドナビゲーション機能をつける
- 必ずコーポレートサイトにブランド紹介ページを持たせ、そのブランド利用者と近い層が利用するブランドを進めるブランドレコメンデーション機能を入れる

Case Study

要件定義の完了

改修案について見積もりを取って、Webサイトリニューアル検討会議に提出した結果、改修案はすべて採用することになった。この調査・要件定義フェーズを経たことで、当初事業推進部 三木部長が言っていた各ブランドサイトの改修は特に行わず、ワークス化粧品本体サイトの改修を行うことでまとまったのだった。

図2：調査結果を踏まえ、提案されたサイト構造

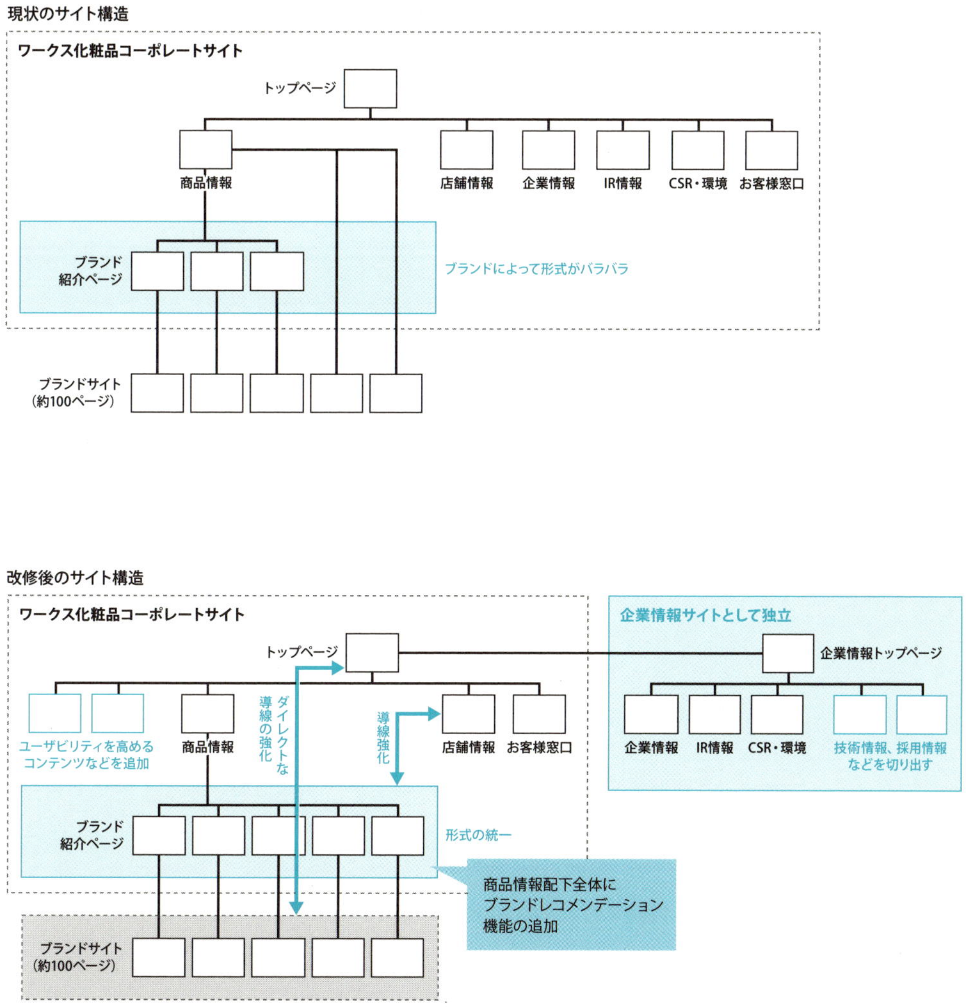
現状のサイト構造
ワークス化粧品コーポレートサイト
トップページ
商品情報
店舗情報
企業情報
IR情報
CSR・環境
お客様窓口
ブランド紹介ページ
ブランドによって形式がバラバラ
ブランドサイト（約100ページ）
改修後のサイト構造
ワークス化粧品コーポレートサイト
トップページ
ユーザビリティを高めるコンテンツなどを追加
商品情報
ダイレクトな導線の強化
導線強化
店舗情報
お客様窓口
ブランド紹介ページ
形式の統一
商品情報配下全体にブランドレコメンデーション機能の追加
ブランドサイト（約100ページ）
企業情報サイトとして独立
企業情報トップページ
企業情報
IR情報
CSR・環境
技術情報、採用情報などを切り出す

このケースでは情報設計のアプローチでトップページのユーザビリティ向上の解決を行っている。商品情報、ブランド情報、企業情報（会社案内・IR情報など）をすべて盛り込むのではなく、一部の人にしかニーズがなかった企業情報は企業情報サイトして独立させトップページよりリンクを張る形で分離させている。それによりトップページの要素を削り、ニーズの高かった商品情報とブランド情報のみとすることでユーザビリティの向上を図っている。

▶ Analytics【分析】

このケースは、調査・要件定義をプロジェクト化したほうが上手くいくことがあるというものだ。デザインを実際に行う第二フェーズの部分までは触れていないが、調査を行わず推測によるさまざまな要望やアイデアのみでリニューアルの工程に入ったとしたら、非常に難航していただろう。定量的な事実に基づいた要件定義は、その後のフェーズにおいてもよい結果をもたらす。本ケースのどのような点に注目すべきかポイントごとに見ておく。

☛ 要件が膨らんだらデータを元に絞り込む

リニューアルや大きな改修の際には「この際だからあるべき姿を考えよう」と、三木部長のように話が広がる傾向にある。課題や要望を把握する上でヒアリングを行うことは重要だが、すべての要求をかなえるリニューアルは膨大な計画になってしまう。このような場合はデータなどの定量的な事実に基づいたコンセプト立案と、要件の集約がポイントとなる。

☛ プロセス設計

このケースのような場合、プロセスの設計が非常に重要な役割を持つ。天宮主任が行った予備調査の定性的な調査結果からは、ユーザビリティ向上が必要であるという仮説が立てられた。そしてその仮説に基づきより詳細な調査を行ったという流れが重要である。仮説なしに外部業者にログ解析をいきなり依頼しても、調査結果を読み解くことはできない。大きな問題点は内部で把握をし、仮説を立てておく必要がある。

☛ ビジュアルデザインで解決できることの見極め

本ケースのような場合に陥りやすいのが、「ブランド情報、商品と企業情報をそれぞれきちんと見えるようにしたい」、という問題をデザインで解決して欲しいというオーダーになりやすい点だ。本ケースでは企業情報を企業情報サイトとして切り出すという、情報設計によって問題解決を行っているのが重要なポイントである。情報設計側で対処すべき問題をビジュアルデザインで解決しようとすると、デザインが難航し、その割に納得いかない結果に終わることとなる。

☛ 要件定義をアウトソースする

要件定義は重要だが、必ずしも自分たちで決めなければならないものではない。ただし簡単なヒアリングのみでの要件定義は納品物がほぼ発生せず、ステークホルダーに納得してもらうだけの根拠とはしにくい。このケースのように外部のプロに調査レポートと改善提案を受けるという形にすることで説得材料を作るというのも、ひとつのアプローチなのである。

Case Study

Column

社長の奥さんが最終決裁者

昔、小さなWeb制作会社にいた頃の話。当時、私はディレクター兼プロデューサーのような役割で仕事をしていて、後輩をどう育てるかということについても色々と試行錯誤していた。

あるとき、小粒で1人でさくっと回せそうな地元の小さな中小企業のWebサイト作成の案件があったので、お客さん（発注者）との対応から制作まで後輩に全部任せてみることにした。もちろん初回の打ち合わせとか、社内でのレビューや相談には乗る形ではあるが。

初回の打ち合わせで先方の意向とか、社長のキャラクターはわかったので、どう進めればいいかは大体見えた。小さな会社が相手であれば、大体社長と直接話ができるので、社長の意向とか趣味・趣向を押さえておけば大きくブレることはないことがほとんどだからだ。

しばらくその案件は順調に進んでいるように見えた。しかしデザイン案を最初に出したあたりから先方の反応が芳しくなく、どうもジャッジメントの軸が急に変わったような印象を受けた。進め方についても、この後どう進めるのかよくわからない、と文句を言われているようだった。これまでも全体の工程の説明や、そもそもWebサイトはどのように作るのかについて、後輩には説明していたはずなのにである。

後輩に全部任せていたらトラブルになりそうな雰囲気になってきたので、後輩と一緒に打合せに行くことにした。驚いたのは、社長の奥さんがその相手だったことだ。社長は同席してはいるのだがほとんど話さず、奥さんに任せっきり。つまり最終決裁者は社長の奥さんで、デザイン案が出てきたところから奥さんの意見が出始めた、ということのようだった。

後輩はいまひとつ理解できなかったようなので、アドバイスをしてデザインの方向性について奥さんにもう一度ヒアリングを行って、方向修正をすることにした。その結果、デザインにも満足をしていただけたようで、無事案件を進めることができた。まさか社長の奥さんもステークホルダーだったとはっ！という、驚きの経験だった。

Chapter 1

Section 9

Case Study

バナー制作にも要件定義は必要か

本章の内容を踏まえて、目的、ゴールの明確化、ステークホルダーの把握といった要件定義の重要性について、バナーの制作であっても変わらないということを、ケーススタディを通じて学んでいく。

登場人物

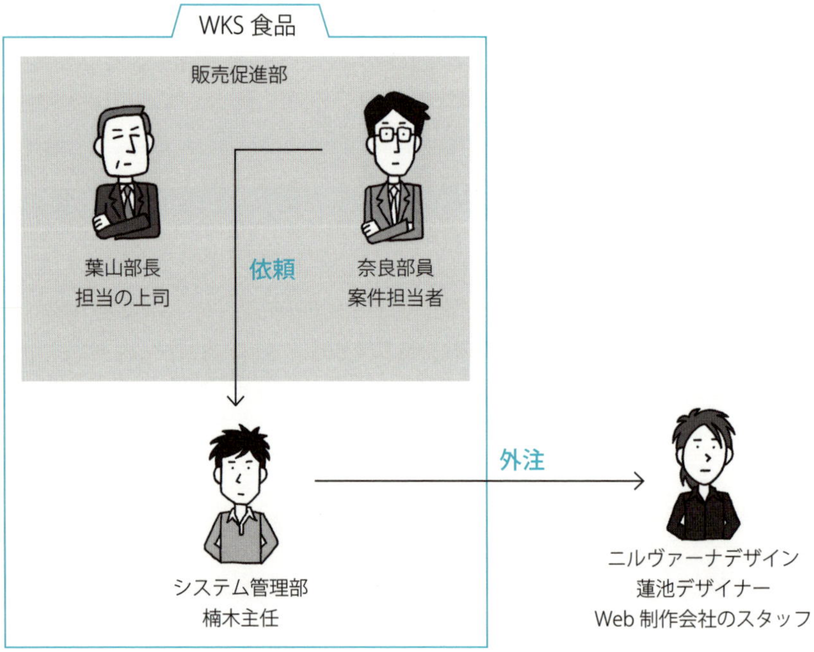
WKS 食品
販売促進部
葉山部長
担当の上司
依頼
奈良部員
案件担当者
外注
システム管理部
楠木主任
ニルヴァーナデザイン
蓮池デザイナー
Web 制作会社のスタッフ

▶このプロジェクトの教訓

ほんの1ページ、1つのバナーといった小さな仕事と思われる作業でも、ぼんやりした要件で進めて足元をすくわれるということがある。依頼をする、依頼される場合は金銭面、スケジュール、要件をはっきりとさせる必要がある。どのようなポイントを押さえれば問題が起きないのか？ということを考えながら読み進めていただきたい。

Story【ストーリー】

よくわからないから…と言われて

中堅食品メーカー WKS 食品では、家庭用カレールーの「インドカレーの匠」のキャンペーンイベントとして、販売促進部が進めるインド料理体験イベント「Touch India」の告知を行うことになった。

WKS 食品ではシステム管理部が Web サイトの主管部門のため、今回のキャンペーンイベントも、取りまとめを行うことになった。キャンペーンイベント担当の販売促進部 奈良部員とシステム管理部 楠木主任はこれまで面識がなく、初仕事だった。奈良部員は打ち合わせの際に、次のように仕事を依頼してきた。

奈良部員

イベント会場までの地図がちゃんと印刷できるようにしてもらえれば、あとはキャンペーンイベントのチラシをそのまま載せてもらえれば基本 OK なんで。サイトのことはよくわからないから基本お任せします

よくわからないからと、そう簡単に言われてもなあ……

楠木主任

通常この手のキャンペーンイベントの告知は、トップページと主要カテゴリページの 4 箇所への掲載である。しかし、販売促進部の葉山部長からも直々に掲載箇所を指定したメールが届き、奈良部員と協議の結果 10 箇所にバナーを掲載することになった。

制作するバナーの数が変わる

楠木主任は「インドカレーの匠」のブランドサイトを依頼した制作会社であるニルヴァーナデザインに、このキャンペーンイベントページの作成を依頼した。打ち合わせの際、ニルヴァーナデザインの蓮池は次のように質問してきた。

蓮池デザイナー

チラシのデータはサイトに使えるということなので特に問題ないと思いますが、バナーの内容はどうしますか？

依頼部署（販売促進部）からは特に細かい指定を受けていないので、イベント日付とイベント名を入れてもらって、チラシのデザインに合わせてもらえますか？あとはお任せします

楠木主任

あっ！そういえばバナーで何をアピールするのか奈良部員に確認するのを忘れたなあ…。まあお任せでいいか

楠木主任

しかし、ニルヴァーナデザインが制作を開始してからすぐに問題が生じた。WKS食品が指定したページのバナー掲載部分はデザインを優先していたためかバナーサイズが異なり、10箇所の掲載に6パターンのバナーを作る必要が出てきてしまった。

見積もりの想定では、トップページPRエリア用の大きいバナーとそれ以外の小バナーの2パターンとして見積もられていたが、実際は6パターンのバナーが必要となるため見積もりが変わるとのことだった。

楠木主任は販売促進部 葉山部長からバナーの掲載を依頼された10箇所のページを確認していなかったが、改めて確認をすると、どれも別の制作会社で作ったブランドサイトだった。ブランドサイトはブランドのカラーを出すためにヘッダーとフッター以外は自由という仕様がアダになり、バナーサイズがすべて違っていたのだ。幸いにも費用の件は最終見積もりで変更可能な範囲でなんとか収めることはできた。

わー、バナー全部別サイズか…見積もり上がっちゃったな…

楠木主任

☛ 公開

その後、制作は問題なく順調に進んだ。キャンペーンイベント告知ページはチラシをもとにHTML化したものだったので特に問題はなく、バナーに関しても適度に目立ちながらも上手くまとまった物が完成した。

奈良部員

はいOKです。問題ありません。大丈夫です。公開してください

奈良部員にもメールで確認したが、すぐに「問題ないです」という返事が来たので、最終校正を行った後、楠木主任は予定公開時間に公開を行った。しかし公開翌日になって販売促進部 葉山部長よりクレームの連絡が来た。

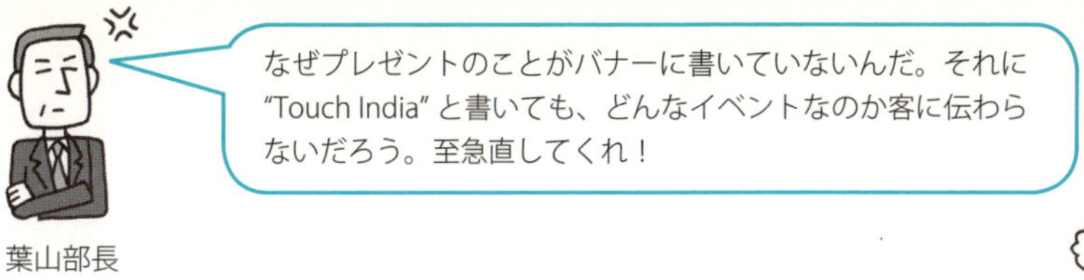
なぜプレゼントのことがバナーに書いていないんだ。それに
"Touch India" と書いても、どんなイベントなのか客に伝わらないだろう。至急直してくれ！
葉山部長

手順をふんで確認を入れたのに！ ...
楠木主任

楠木主任はこちらは手順をふんで確認を入れたのに！と内心怒り心頭だったがクレーム相手が葉山部長ということもあり、奈良部員と協力して「来場者全員にカレールーをプレゼント！」「7月1日 品川でインド料理体験イベント」という内容でバナーを再度作成し、差し替えたのだった。

Analysis【分析】

このケースは、バナー作成などのごく小さく簡単な制作物に関しても、この章で解説してきたようなゴール設定や要件定義、ステークホルダーの把握等が重要であることを示したものだ。どのような点が問題だったのかポイントごとに見ていこう。

目的と要件定義の確認はどこまで必要か

プロジェクトの目的や要件は、プロジェクトの規模によってはドキュメント化しなくても何ら問題ない場合もある。しかし、このケースの場合、10箇所に及ぶ掲載ページと6パターンのバナーそれぞれに何を掲載するか、その目的は何か？というポイントを押さえておく必要がある。チラシを流用すればよいからと、目的を聞き忘れたというのが、致命的なミスとなってしまった。

このケースでは「キャンペーンイベント内容をWebサイトで告知し、イベントへの来場を増やす」というのが、キャンペーンイベント告知ページ作成の意図であることが読み取れる。この目的のために作成するバナーデザインには、適度に目立つということと同時に、その先のページを見てみたいと思われる要素をいかに作るかが重要である。その要素として、葉山部長はプレゼントとわかりやすいイベント内容の説明を重視していたのだが、それは楠木主任にはまったく伝えられていなかった。

掲載内容は情報設計の分野になるが、本ケースでは楠木主任がより突っ込んだ質問を奈良部員にすることで解決できる問題であっただろう。

Webサイトやページを見てみたいと思わせる見出しや文言などのラベリングや、わかりやすくたどり着くための工夫は情報設計のスキルが必要となる。ニルヴァーナデザインからラベリングや情報設計に関して的確な提案を受けるには、楠木主任が奈良部員に確認すべきだったのである。

公開前のステークホルダー、最終承認者の不在

「1-2 プロジェクトの前提事項を知る」や「3-7 ステークホルダーによる承認と完成」で述べるように、小さなプロジェクトでも、担当者はどのようなメンバーがどのような思惑で関係し合っているのかを正しく理解しておく必要がある。

このケースでは、途中に葉山部長から直接バナーの掲載箇所の指定が来ているため、葉山部長肝入りのキャンペーンイベントではないかということが推測できる。担当者は「チラシを流用すればよい」と言われたとしても、初回の打ち合せで、

プロジェクトの経緯やステークホルダー、最終承認者の確認をしておく。そして、要件に対して大きな変更があったような場合には、ステークホルダーと最終承認者に確認を行わねばならない。

奈良部員が葉山部長との間に入っていることで、情報の伝達が上手くいっていないのがこのケースの問題点である。このような場合、葉山部長と直接のコミュニケーションをひんぱんに行うのが難しいが、奈良部員がこのキャンペーンイベントについて余り深く考えていないということを想定するだけでも事態は随分変わったであろう。

☛ 運用を考えたデザイン

クリエイティブやビジュアルデザインの領域では、表現したい世界観が適切に表現されているかという「表現としての完成度」や見た目の美しさなどの「造形としての完成度」ばかりを注目しがちである。しかし、このケースで問題になった「サイトの内のバナーサイズをそろえる」といった、「機能としての完成度」もビジュアルデザインにおいて重要な要素である（「3-6 完成度評価とフィードバック」を参照）。

バナーサイズが揃っていなかったことは、このケースのキャンペーンイベントの告知ページ作成プロジェクトの中ではどうしようもないことだが、管理しているサイトが数百ページを超える程度の規模になってきたらガイドラインやマニュアルを整備し、これらのバナーサイズなどについても管理を行ったほうがよい（「3-8 完成後の調整・メンテナンス」参照）。

Chapter 2

提案依頼～発注

Chapter 2

Section 1

Lecture

発注者／制作者の依頼コミュニケーション

発注者と制作側のお互いに対する意識は、当事者が考えている以上にギャップが大きい。ここでは双方が歩み寄るために、発注者・制作者それぞれの意識の違いについて述べる。

正しい依頼でも相手が理解しなければ意味がない

2010年7月、東海道線（愛知県）の安城―西岡崎間を走行中の電車の運転士が架線に長さ約5メートルのビニールが絡まっているのを発見した。運転指令に指示を仰いだところ「絡まっているものを〞撮って〟ください」と指示があった。

しかし車掌は、「取り除け」と聞き間違え、車両から降りて、垂れ下がったビニールをつかんで取り除いた。「（携帯カメラで）撮る」を「取る」と誤認したことが原因である。架線には1500ボルトの高圧電流が流れており、本来は電流を切った上で、専門の作業員が絶縁の手袋を使用して取り除く決まりになっていたという。

目的がはっきりとしていても、依頼のやり方自体や相手の状況を鑑みずに依頼したことで誤解を生んでしまうことがある。本章では、ビジュアルデザインの制作者から精度の高い見積もりや提案を引き出すために、これまでのプロセスで明らかになった、プロジェクトの目的・問題点・ビジュアルデザインで解決しようとしている問題を、どのように制作者に伝えるかについて考察する。

発注者と制作者の意識にはギャップがある

ビジュアルデザインの見積もり・提案依頼のコミュニケーションにおいて「何を伝えるのか？」という伝達の内容以前に、そのコミュニケーションを行う二者（発注者と制作者）それぞれの意識の違いを知っておく必要がある（図1）。

通常、依頼の際には発注者と制作者では意識にかなりのギャップがあり、それぞれの意識の状態を正しく認識せずにコミュニケーションを行うことは、伝達内容を誤認される危険性をはらんでいる。意識の差は、伝達内容の認識の差へと繋がり、見積もりや提案内容、スケジュールなどをあとから変更することにも繋がりかねない。そして、最終的な成果物の品質低下を招くのである。

発注者と制作者はそれぞれどのような状態にあるか？　制作者は何を知りたいと思っていて、発注者は何を伝えればいいのか？　プロジェクトに悲劇が起こらないように、何を意識して依頼コミュニケーションを行っていけばいいのかを見ていこう。

図1：発注者と制作者の意識のギャップ

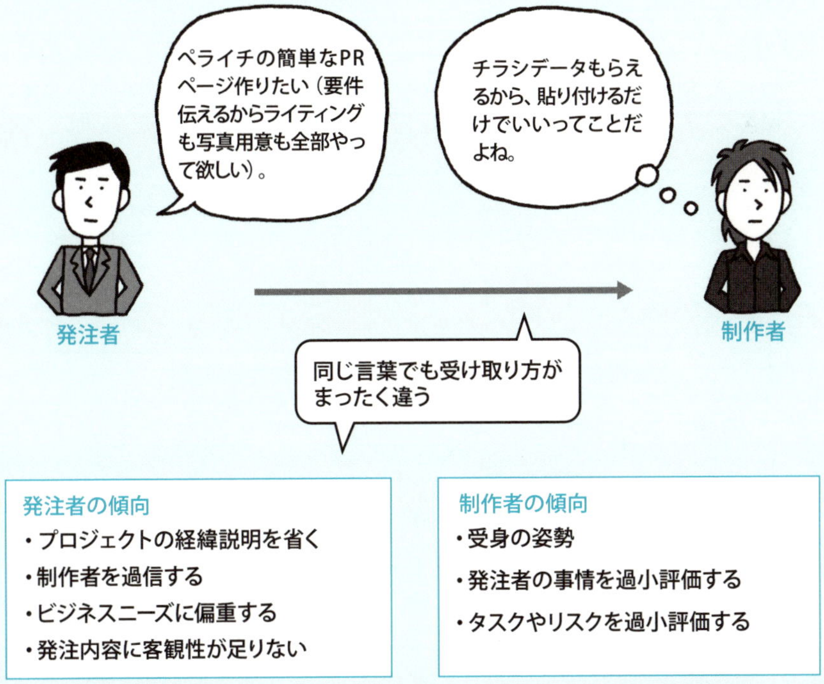
ペライチの簡単なPRページ作りたい（要件伝えるからライティングも写真用意も全部やって欲しい）。
チラシデータもらえるから、貼り付けるだけでいいってことだよね。
発注者
制作者
同じ言葉でも受け取り方がまったく違う
発注者の傾向
・プロジェクトの経緯説明を省く
・制作者を過信する
・ビジネスニーズに偏重する
・発注内容に客観性が足りない
制作者の傾向
・受身の姿勢
・発注者の事情を過小評価する
・タスクやリスクを過小評価する

見積もり・提案依頼時の発注者の意識

仮にあなたが制作者として受注する立場であったとしても、ビジュアルデザインをパートナーに再委託する場合は発注者になる。そのことを念頭において発注者の意識を確認しておくことはとても有効なことである。

プロジェクトの経緯説明を省く

発注者は、見積もり・提案依頼にいたるまでのプロジェクトを進めてきているため、プロジェクトの経緯や前提条件について心得ている。そのため、そうした経緯や前提事項について制作者に説明するのを省きがちである。

制作者を過信する（スコープを過大に認識する）

制作者に何ができて何ができないのか。発注者がそれを認識するには経験が必要である。制作者がどのような仕事をしているのか？どのようなプロセス・進行のやり方で仕事を進めるか、どのような中間成果物をあげ、最終的にどのような成果物になるのか？　初めて制作を依頼する相手であれば、これらのことについて認識ができていないのが通常である。そして、タスクとして不明瞭な部分すべてを制作者がやってくれるものと、スコープを過大に認識しがちだ。また経験の少ない発注者は、タスク量及びリスクについて過小評価してしまうことが多い。

ビジネスニーズに偏重する

発注者は、ビジネスとして実現したいことや、部署間やクライアントとの関係上、ビジネスニーズが強くなる傾向がある。ともすれば、Webサイトに訪れるユーザーよりビジネスニーズを重視しすぎる。発注者は自分の部署のミッションを果たし、プロジェクトを無事に終わらせようとすることに頭が行きがちだ。

図2：発注者の意識

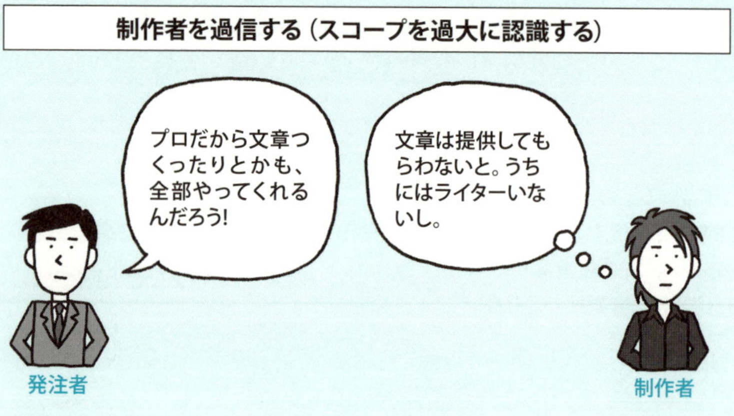
制作者を過信する（スコープを過大に認識する）
プロだから文章つくったりとかも、全部やってくれるんだろう!
文章は提供してもらわないと。うちにはライターいないし。
発注者
制作者

よくある誤解。コンテンツを誰が作るのかの認識違い。

なぜなら、発注者はWebサイトの外側の世界だけでなく、内側にある社内関係の調整や評価に気をつかうからだ。

発注内容に客観性が足りない

発注者がプロジェクトを主体的に進めた場合によくあるケースとして、「このようにしたい」という思い入れが強く、客観性が足りなかったり、「思い」ばかりが強くなってしまうことがある。

以上のような意識が発注者には見られることが多く、依頼時の依頼内容に影響を及ぼしてしまう点に注意しておく必要がある。

見積もり・提案依頼時の制作者の意識

一方の制作者は見積もり・提案依頼を受けて初めてプロジェクトについて聞くことになり、プロジェクトの経緯や前提条件がほとんどない状態である。そのために以下のような意識を持ちがちである。

受身の姿勢

どのような議論を経て、何が決まっており何が決まっていないか？　これから何を検討しなければいけないか？　今検討しなくていいことは何か？　といった情報がほとんどない状態である。また全体が見えていないため、発注者から伝えられたことのみで提案を考えがちである。また、制作者は特定の業務範囲を専門にしているため、ビジネス全体を見ずに、Webの範囲のみで発注者のビジネスを捉えてしまいがちである。

図：制作者の意識

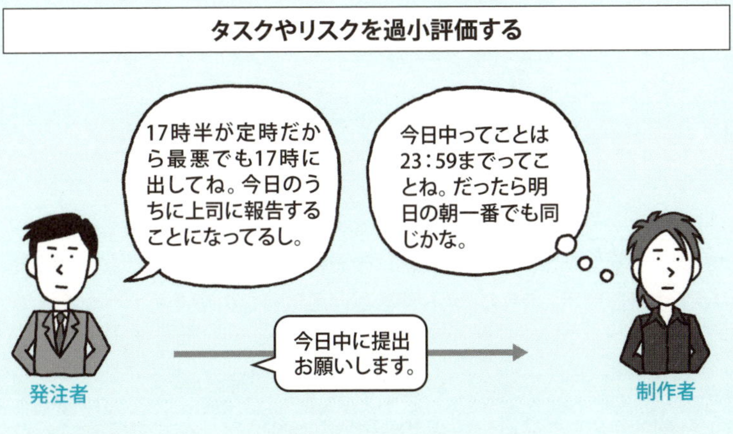
タスクやリスクを過小評価する
17時半が定時だから最悪でも17時に出してね。今日のうちに上司に報告することになってるし。
今日中ってことは23:59までってことね。だったら明日の朝一番でも同じかな。
今日中に提出お願いします。
発注者
制作者

よくある誤解。「今日中」の捉え方がまったく違う。

図：両者の歩み寄りが価値を生み出す

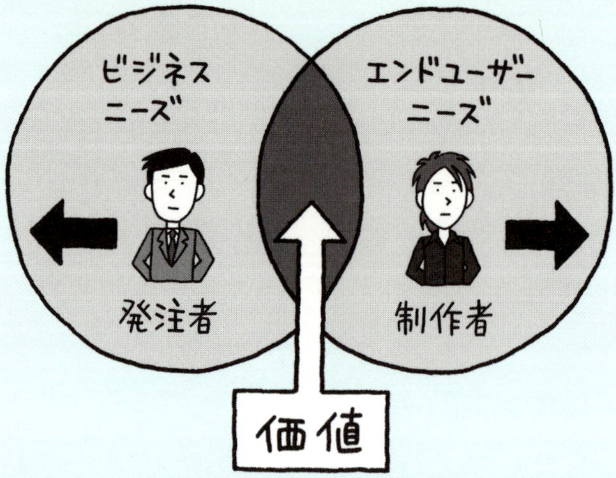

発注者はビジネスニーズのみを重視しがち。制作者はエンドユーザーニーズを重視しがち。お互いに重なり合うところに価値が生まれる。

発注者の事情を過小評価する

制作者はWebサイトとして表に見える部分と、それを利用するエンドユーザーのタッチポイントの最適化に意識が向く。そのため、最適化を実現するために必要な部署間調整や、費用対効果に対する意識など、ビジネス的な視点は抜け落ちがちである。

タスクやリスクを過小評価する

制作者は発注者がどのような意図で何をしたいのか、どのようなリスクがあるか、誰が決済するのか、それに要する時間、素材支給などの作業スコープ及び役割分担、といった制作に関わる情報を知りたいと思っている。ただし経験の浅い制作者はこれらのタスク及びリスクを正しく見積もることができず、過小評価してしまうことが多い。

制作者は総じて発注者のビジネスやプロジェクトについての理解が浅いため、依頼内容の優先度の誤解や、発注者の社内事情の軽視、無理解といった制作者特有の理解となりやすいため注意が必要である。

こうした食い違いは、それぞれ立場による業務範囲の認識の違いが原因である。経験を積むことでそれぞれの認識のズレを緩和することが可能だが、そのためにはお互いに立場を開示しつつ、歩み寄ることが重要なのである。

POINT

- ▶ 同じ依頼内容でも発注者・制作者はそれぞれ受け取り方がちがう。
- ▶ お互いの立場、業務範囲を理解することが重要。

Column
発注者と制作者

著者は12年ほど受託制作側の会社に勤めていたが、最近になって、事業会社側に移り、発注者となった。そこで改めて思ったのは、発注者は、Webをどうやって形に落としていくのか、ということをあまり、いやほとんど知らないということだ。

考えてみれば当たり前だが、そうした仕事はプロフィットセンターではなくコストセンターであり、目的ではなく手段だからだ。発注者にとってWebの仕事はたまにしかやらないことだらけだから、慣れている人に任せてしまったほうが早い。いちいち試行錯誤をしては、時間の無駄が多いのだ。

これが制作者には体感できない。著者も頭ではわかっていてもリアリティをもって考えることはできていなかった。制作者はWebサイトを作りさえすればお金になってしまうから、無理もない。

Webコンサルとして受託制作側にいたときは、よく同僚と

「スケジュールを引くということは、そこにストーリーを書くことだ」

と話していた。スケジュールを引いていると、ここで大体こういうことが起きるだろうから、その対応のための伏線を張っておこう、などストーリーが見えてくる。当時はごく当たり前のこととして考えていたが、実際に発注者側になってみると、そんなものは職人芸以外の何物でもないと実感する。発注者は五里霧中の中をWebコンサルを頼りに発注し、ストーリーはおろか、道順さえもはっきりとしない場合が多い。これでは、Web発注が苦痛になるのも仕方がない。

一方で、そういった職人芸を持ってしても、ビジネスへの参加権を持たない制作者は、Webビジネスを本質からは改革できなず、問題が残る。

しかし、これからは、そうした職人芸をもったWeb制作やWebコンサルで活躍していた人が、発注者側の会社に移る動きが加速すると考えている。身近でもそういう知人をたくさん見るし、そうなってこそ、Webがビジネスのツールとして成熟化していくのではないかと思う。

Chapter 2

Section 2

Lecture

依頼背景の共有

制作者がスムーズに依頼内容の理解を深めるためには、依頼内容と同時に依頼背景を理解することが重要である。ここでは依頼背景をどのように共有すればいいのかについて考える。

プロジェクト背景の確認

前節で述べたような制作者特有の誤解を避けるには、発注者はなぜそのプロジェクトが始まったかや、そのプロジェクトに関わる過去の歴史などの経緯について共有することが望ましい。そうすることで目標とするレベル、優先度などについても理解が進み、誤解を軽減できる。会社や部署のミッション等についても簡単なレベルで共有しておくことが大事だ。制作者がどのような提案をすべきなのかを考えるための土台となり、精度の高い提案に繋がるからである。

「1-7　サイトをつくる目的を知る」で登場したワークスビバレッジのケーススタディを例にすると、発注者のワークスビバレッジが飲料業界ではどのようなポジションで何を目指しているかや、「コールハーブ」ブランドとの提携の経緯、宣伝部と営業部の費用負担及びプロジェクトにおける関係性などが共有されるべき情報である。それにより、制作者はどのようなことに配慮して提案を考えればよいのか、またどのようなプロジェクトなのかを把握しやすくなる。

検討すべき範囲の明示

プロジェクトに途中参加した場合、途中参加のメンバーはそれまでに検討されたことや経緯など検討の前提事項について知らないため、さまざまな事柄について疑問が生じる。

社員旅行にたとえるなら、行き先を関東近郊で企画するというお題に対して実行担当は静岡か日光で検討していたとして、検討に途中参加したメンバーがなぜ箱根が選択肢に入っていないのか？という疑問を持つことである。箱根には、前年と一昨年に行っており、社員にヒアリングしたところ箱根以外がよいという意見から箱根は外すことにしていたという経緯があったとしても、それが共有されていなければ前述の疑問に結びついてしまう。

経緯を知らずにプロジェクトに途中で参加することとなる制作者は、検討すべき範囲が明示されいないと、それを知ることに労力を使ってしまう。

どこまでが決定事項で、どの範囲について検討の余地があるのか？　今は検討しなくてよいことについて制作者が知っておくべきことは何なのか？について共有ができれば、検討すべき点に話を集中をさせることが可能となる。

何を今検討すべきかということをロジカルに伝えるために有効なのが、「ディシジョンヒエラルキー」というフレームワークだ。

与件・前提条件

見積もり、提案にあたっての与件や前提条件とすべき事項で、この部分に関しては決定事項として扱い、疑義を差し挟まない。いわば検討済みの事項である。

今、検討・分析すべき対象

方針や施策としてどうするのかが決まっておらず、今まさに検討すべき事項である。ビジュアルデザインの見積もりや提案における検討範囲となる。

今後考えればよいこと

今検討すべきことが決まった後に考えればよく、次のフェーズで検討することや関連することでも別に予算が取ってあるため、今検討しなくてもよい事項である。

ディシジョンヒエラルキーを作成し共有するすると、何が前提事項で、何が今検討すべきことなのか？ということが明確になり、途中参加のメンバーの視点や論点を明確にすることが可能となる。

図1：ディシジョンヒエラルキー

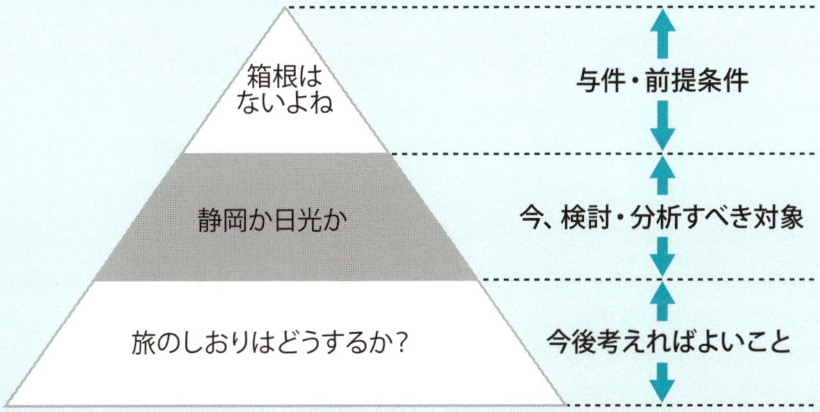

Chapter 2

Section 3

Lecture

提案依頼（RFP）

制作者から精度の高い見積もりと提案を引き出すために、発注者は具体的に何を制作者に伝えればいいのだろうか？　具体的な提案依頼書をもとに、「何を伝えるべきなのか？」を考察する。

発注者が制作者にプロジェクトの内容を知らせるためには、提案依頼書（RFP=Request For Proposal）が必要となる。右ページにサンプルを示すので、各項目についてどのようなことに気をつけて書くべきかを確認しよう。

プロジェクトについての説明

プロジェクト名称

プロジェクトの名称をつけ関係者に共有することで、個々の活動を明確にプロジェクトとして意識するようになる。プロジェクト名称と個々の活動がひもづけられると、活動の共有と集約に役立つ。名称をつけることは、他のプロジェクトや関連する定例業務などとの誤認を防ぐ役割も果たす。

プロジェクトの概要

字数が長くなりすぎない程度にプロジェクトの概要をまとめる。「1-3 プロジェクトの目的の明確化」でまとめた、プロジェクトのビジョンステートメントを活用するとよい。プロジェクトに途中から参加する人にもわかるように、簡潔にプロジェクトの背景についてまとめておく。

プロジェクトの目的とゴール

何を目指し、何を達成するためのプロジェクトなのかをまとめる。ゴールがないプロジェクトは、成功の判断がつかず、どこに向かえばよいのかもわからなくなってしまうため重要なポイントである。できる限り、数値化する。

プロジェクトの進捗状況

見積もり・提案依頼を行うにあたって、プロジェクトが今どのような進捗状況かをまとめる。まだプロジェクトを開始する承認がおりていなかったり、予算の稟

図 1：RFP の例

コールハーブキャンペーンサイト 提案依頼書

年　月　日

○○株式会社　○○事業部
担当：
〒
東京都○○
TEL　　　　　FAX

1. プロジェクトについての説明

1.1 プロジェクト名称	コールハーブプロモーション
1.2 プロジェクトの概要	美容とダイエットに効果があるミネラルウォーターとして「コールハーブ」のプロモーションを行う。40 代女性を中心に 20 代～ 60 代までの女性層にスタイリッシュなブランドイメージの訴求を行う。
1.3 プロジェクトの目的とゴール	半年後に行う市場調査でターゲット層に対する「コールハーブ」の認知率を 65% とする。 また「コールハーブ」認知者のダイエット効果美容効果の機能認知率を 30% とする。
1.4 プロジェクトの進捗状況	Web だけでなく他媒体も含めたキャンペーンとしてプロジェクトは進行中。Web での展開も、キャンペーンサイトを作るということは決定しているが、何をどのようにいくらで？というのが未決定。
1.5 プロジェクトの課題	ミネラルウォーターとしては後発であり、機能面での優位性を認識してもらう必要がある。また「コールハーブ」は海外ブランドだが認知度低い。
1.6 想定している競合	・ミネラルウォーター全般 ・北印度会社の「パンジャーブウォーター」
1.7 ステークホルダー	一般ユーザー、卸売 (問屋) 業者、小売業者 営業部、宣伝部 雑誌ヨギー編集部（余技舎）、各地のヨガスタジオ
1.8 想定ターゲット	・20 代～ 60 代までの美容とダイエットに関心がある女性 ・ミネラルウォーターを常飲する層

2. ビジュアルデザインの要件

2.1 現状のビジュアルデザインについて
現状サイトはないため、ビジュアルデザインは特に存在しない。 海外のサイトはあるが、市場特性特もマーケティング戦略も違うため特に参考にする必要はない。

2.2 ビジュアルデザインによって何を達成するのか？
＊美容とダイエットに効果があるミネラルウォーターであることが伝わる。

3. 成果物

3.1 作業範囲と想定ボリューム	作業範囲： ワークスビバレッジコーポレートサイト内のコールハーブプロモーションサイトのデザイン、サイト作成。予定URL http://****.com/cpm/callharb/ 想定ボリューム： 10P 程度。予定ページ構成は別途資料参照。
3.2 最終成果物や納品形式	最終成果物： 制作データ一式（photoshopファイル含む）、HTMLファイル、画像ファイル、撮影写真データ、提案書、議事録。プロジェクト完了時にファイル授受用サーバに納品願います。 納品形式： ワークスビバレッジ指定のファイル授受用サーバに FTP でデータをアップ。
3.3 中間成果物	4 月上旬にデザイン確認、クリエイティブチェックを行いたいので中 4 日ほどの確認期間と、デザイン、経緯をまとめたドキュメントの提出をお願いします。
3.4 見積もり提出時の添付資料	スケジュール表、体制図、制作実績（キャンペーンサイト実績があればおねがいします。）
3.5 イラスト、写真の利用条件	サイト用に撮影した写真素材は店頭にて再利用を予定しています。撮影時のデータの納品と、店頭での再利用費用について個別でわかるように見積もりに含めてください。

4. 制作における前提条件

デザイン上の制限/規定	ロゴ、プライバシーポリシーは弊社ガイドラインにしたがって作成ください。 ※ 発注後別途お渡しいたします。
支給物・素材など	コールハーブ宣伝用写真素材、コールハーブロゴ、ワークスビバレッジ社ロゴはデータ支給いたします。

5．スケジュール・予算

公開日・納品日	公開希望日　5月２０日　火曜日（午前・午後）１０時００分公開希望 納品希望日　5月１９日　月曜日（午前・午後）１７時までに納品希望 公開・納品に関連する情報：
確認に必要な時間	クリエイティブチェック時に中4日。それ以外は中2日必要
予算	相見積もりになります

6．備考

・見積もりはタスクごとに分解して出すようお願いいたします。 ・

議がまだであればその旨を開示する。

プロジェクトの課題

ゴールとなる指標を達成するために、現在認識している課題点をまとめる。

想定している競合

制作者は競合についての情報を知らない場合が多いため、想定している競合はどこか、またその競合の強みや弱みなどについてまとめる。

ステークホルダー（関係者）

依頼しようとしているビジュアルデザイン及びWebサイトのステークホルダーは誰か。エンドユーザーだけではなく、株主や発注者の内部の人間も頻繁に利用するため、ステークホルダーとして考える場合もある。ステークホルダーを制作者と正しく共有しておくことで、その後の議論のブレを防ぐことが可能となる。

想定ターゲット

「20代後半の女性」「30代独身男性のギーク層」など、発注者がコミュニケーションしたいと考えている想定ユーザーについて、具体的かつ簡単に述べる。

ビジュアルデザインの要件

現状のビジュアルデザインについて

既に存在しているビジュアルデザインをリニューアルするような場合は、現在のビジュアルデザインがどのような意図で制作されたのか、良い点・悪い点など現

図2：作業範囲、想定ボリューム

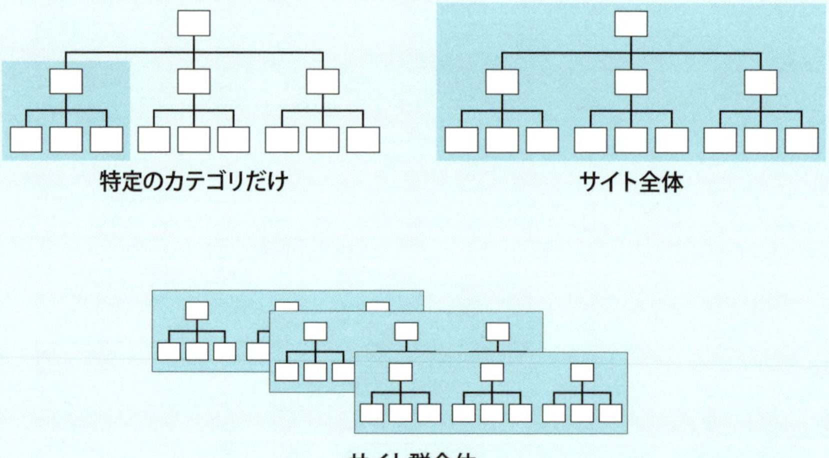

サイトリニューアルの依頼をする場合などに、どこのエリアまでが今回依頼する範囲なのかを明示する必要がある。特定のカテゴリだけなのか、グローバルサイトや、別ドメインで運用しているWebサイトまで含めるのかなど、はっきりと明示をしないと後々トラブルの原因となる。

状の認識についてまとめる（「1-4 ビジュアルデザインの目的の明確化」のビジュアルデザインのミッションステートメント参照）。

ビジュアルデザインによって何を達成するのか？

プロジェクト全体の目的やゴールの中で、ビジュアルデザインはどの部分の問題解決を担おうと考えているのかについてまとめる。ビジュアルデザインのミッションである（「1-4 ビジュアルデザインの目的の明確化」のビジュアルデザインのミッションステートメント参照）。

成果物

作業範囲と想定ボリューム

具体的なボリュームについては専門家である制作者で算出するとして、Webサイトであれば、あるドメイン配下全体なのか？あるディレクトリ以下だけなのか、カテゴリだけなのか、もしくはサブドメインや別ドメインを含めたグローバルな領域までを想定しているのかなど、どの程度の範囲を想定しているかをまとめる（86ページ、図2）。また想定している制作者の作業範囲がある場合は、まとめておいたほうがよいだろう。発注者で作業をする部分がある場合や、すでにある中間成果物を元に作業を依頼する場合などは、それらがわかるように明示する。

表1：納品物形式の例

HTML＋画像	Webサイトにそのまま掲載できる形式
png形式の1枚画像データ	画像としてのデータ。Webサイトに掲載するためにはHTMLコーディングを行う必要がある。ビジュアルデザインとコーディングを別会社へ発注する場合などの形式の最終納品物として念のためHTMLだけでなくpng画像として納品してもらう場合もある
レイヤーに分かれたファイル形式（psdやpngなど）の画像データ	作業用のデータ。Webサイトの運用上、タイトルやビジュアルに変更が必要な場合は、レイヤー分けされた状態の作業用のファイルを納品してもらう。フォントがないと文字修正ができなかったり、改変可能なデータを納品してもらうために費用が上がることもある。サイト運用者と相談してどうするかを決める

図3：最終成果物／納品物の例

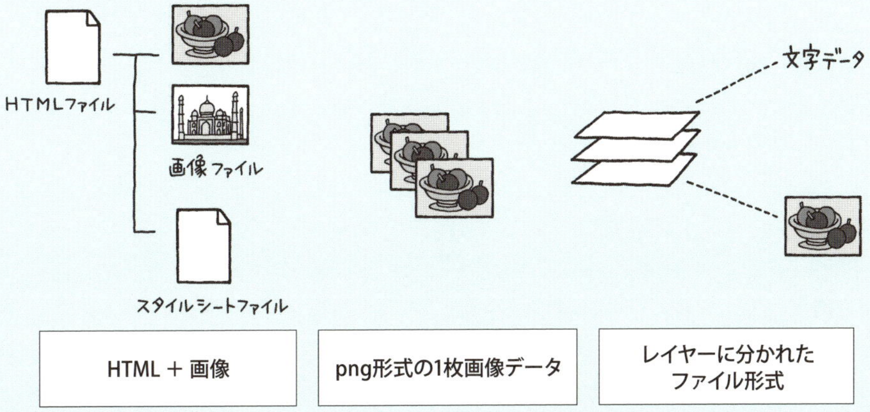

最終成果物や納品形式

納品される成果物として何を要求するかをまとめる（87 ページの表 1 、図 3）。画像データだけなのか、デザインガイドラインやクリエイティブコンセプトなどのドキュメント類も必要なのか、打ち合わせの議事録も納品物とするかなどだ。また画像データは、その後どのように利用するかによって納品の形式が変わるので、利用想定があれば納品形式の指定が必要になる（納品形態の詳細は「3-8 納品、完成後の調整・メンテナンス」を参照）。

イラスト・写真の見積もり提出時の添付資料

RFP をもとに見積もりや簡単な提案を受けることになるが、その際に必須でほしいドキュメント類をあらかじめ RFP で指定する。特に相見積もりとするような場合には、比較ができるように簡単なスケジュール表や体制図、過去の実績などをもらうとよいだろう。

イラスト、写真の利用条件

イラストや写真などをどの媒体で使うか、何年間使うのかなど。競合企業サイトでの利用制限などによって費用が異なるため、Web サイト以外での利用を想定している場合は早期に制作者に伝えないとトラブルの原因となる（「3 -10 成果物の他媒体での利用」参照）。

中間成果物

デザインの修正が可能な段階で広報などブランドマネジメント部門のクリエイティブチェックが入る場合や、関係者のチェックを途中段階で入れる必要がある場合には、どの時期にどのような中間成果物が必要となるかをリストアップしておく。中間成果物とは主にデザイン案＋検討の経緯のドキュメントなどである。

制作における前提条件

デザイン上の制限／規定

ロゴ使用やデザインのガイドライン、コーディングルールやアクセシビリティに関するガイドライン、公開前の社内クリエイティブチェックの有無など、デザイン上での制限がある場合は事前に伝えておく必要がある。

支給物・素材など

ロゴ素材や、写真素材、パンフレットのデータ、映像素材など、支給できる素材についてまとめる。

スケジュール・予算

公開日

公開日が既に決定している場合はその日付と、その日付になった要因など関連するイベントがある場合はそれらを共有する。制作者はその日付のインパクトや優先度についてわからないため、周辺情報の共有は大事な要素となる。

特に希望する公開日がない場合や、できる範囲で早くといった場合は公開日について触れる必要はない。

確認に必要な時間

ビジュアルが提出された際や、フィードバック後の修正確認等にどの程度の確認時間が必要かをまとめておく。自分ひとりであれば1日で確認できても、関係者へのチェックが必要な場合は1週間程度の時間が必要になる場合も考えられる。夏休みや出張・研修などで確認が大幅に遅れるといった場合もあるため、関係者が多い場合は事前に調整をしておいたほうがスムーズにプロジェクトを進めることができる。

予算

予算が決まっていて、ある程度事前に概算見積などで費用を見込めているような場合には、具体的な金額を提示してその中でできることで相談をしてしまったほうがよい場合がある。相見積もりなどを取る場合は特に予算を提示する必要はない。予算・公開日について制限がある場合はできることにも制限が出てくるため、先にそれらの事項が決定している場合は制作者と相談をして、実施内容を削減するなど要件を再定義する必要がある。

これらの内容は極力ドキュメントにまとめてくべきだ。ただし、書式にこだわる必要はない。発注者が制作者にここまで説明してきたような内容を抜け漏れなく伝えることが重要なので、書式や形式にこだわるのではなく抜け漏れのチェックという意味で、これらの項目について確認できるようにするとよいだろう。

特にコンペを実施する場合やデザイナーが打ち合わせに参加しない場合など、理解にバラつきが出そうな状況では、より詳細かつ正確にドキュメント化しておくべきである。

POINT

- RFPを作成することで、あいまいな点を詰めることができる
- 書式や形式にこだわるのではなく、抜け漏れがないことに重点を置く

Chapter 2

Section 4

Lecture

パートナー（制作者）の選定

ここまで、発注者と制作者のギャップを知り、依頼事項を正しく伝えるためのコミュニケーション方法や内容について述べた。では、次のステップに当たるパートナー選定の方法について考察する。プロジェクトを円滑に進められるパートナーに出会うためにはどのようにしたらよいのだろうか？

良いデザインができない要因

プロジェクトの現場においては「なかなか良いデザインが上がってこない」「言ったことしかやってくれない」「修正漏れが多い」など、制作者に対するさまざまな不満の声が存在する（図1）。しかし、中には制作者の問題ではないところに原因がある場合も多い。良いデザインが上がってこない原因は、次の要因に分解することができる。

1. 目的やゴールが不明瞭である
2. デザインで解決できない問題が含まれている
3. 依頼内容の伝達が適切にできていない

図1：良いデザインが上がってこない要因

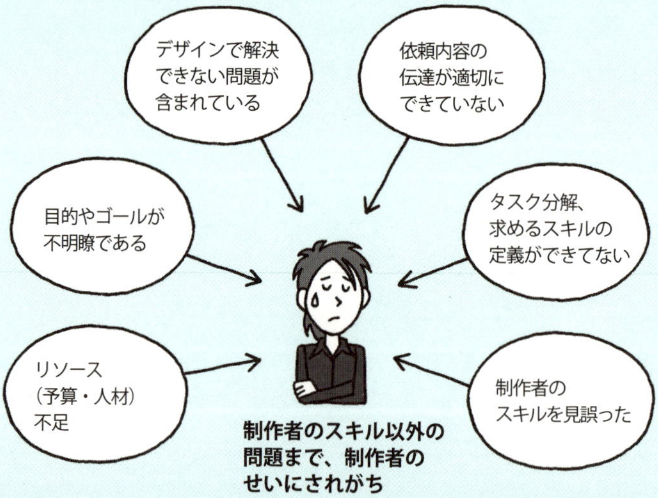

デザインで解決できない問題が含まれている
依頼内容の伝達が適切にできていない
目的やゴールが不明瞭である
タスク分解、求めるスキルの定義ができてない
リソース（予算・人材）不足
制作者のスキルを見誤った
制作者のスキル以外の問題まで、制作者のせいにされがち

4. タスク分解、求めるスキルの定義ができていない
5. 制作者のスキルを見誤った
6. 品質を確保するためのリソース（予算・人材）が足りない

「良いデザイナー」とは、これらすべての問題を解決できる人としてとらえられていることが多い。しかし実際には、「1-5 ビジュアルデザインによる問題解決」でも示したように、制作者が解決できる問題は限られている。では、原因について具体的に見ていこう。

目的やゴールが不明瞭である

ビジュアルデザインの目的や達成すべきゴールが不明瞭な場合、ビジュアルデザインは、ぼやけたものになってしまう（→「1-4 ビジュアルデザインの目的の明確化」参照）。

デザインで解決できない問題が含まれている

ビジュアルデザインの目的やゴールが、ビジュアルデザインでできることを超えた要求となっている場合、解決できない問題を解こうとしていることになる。そのため、要求するビジュアルデザインにたどり着けない（「1-6 他のアプローチによる問題解決」参照）。

依頼内容の伝達が適切にできていない

依頼背景やプロジェクトの概要、ゴール目的について伝達すべき事項に抜け漏れがある場合、それらはビジュアルデザインにも反映されないため、要求事項に対して適切なものにならない（→「2-1　発注者／制作者の依頼コミュニケーション」「2-2　依頼背景の共有」参照）。

タスク分解、求めるスキルの定義ができていない

作ろうとしているビジュアルデザインに必要なタスクの分解や求めるスキルの定義が適切にできないと、必要な人員を配置できない（図２）。そのため、品質が上がらない、工数が伸びるなどの問題が発生する。

図２：同じデザイナーでもできることがまったく違う

Webデザインはできるがロゴや印刷物の経験はない
デザイナーA氏
バナーしか作ったことがない
デザイナーB氏
ロゴや印刷物のデザインはできるがWebデザインは経験がない
デザイナーC氏

商品ロゴと、Webサイトのバナーでは作業プロセス（タスク）、求めるレベルに雲泥の差がある。バナーしか作れないデザイナーに、商品ロゴを作らせたら上手くいかないのは当然である。

制作者のスキルを見誤った

どのようなプロセス（タスク）とスキルが必要かを適切に把握ができている場合でも、制作者のスキルを見誤り、過大評価している場合には品質が上がらない、工数が伸びるなどの問題が発生する。発注者でスキルの判断ができない場合は、過去にそのデザイナーと一緒に仕事をしたことのある人に話を聞いたり、過去の実績で同じようなものがあるかを調べるのがよい。

品質を確保するためのリソース（予算・人材）が足りない

必要とするスキルを持つの制作者が多忙で動けない場合や、コストが見合わず、求めるレベルに達していない制作者しかアサインできなかった場合である。この場合、要求事項を減らすか、前後の工程や人員でタスクをカバーすることができなければ品質が低下する。

以上を踏まえて「よいパートナー（制作者）とは何か」という問いについて改めて考えると、「その時々の発注者の要求をかなえるスキルを持ったパートナー」ということになる。つまり、プロジェクト単位で最適と考えられる制作者は変わるのである。デザイナーだから、デザインについてオールマイティーに任せてよいと考えるのは間違いである。

「クリエイティブディレクションのジャッジメントは、デザイナーを選んだ時点で大部分が完了している」とは、とあるクリエイティブディレクターから著者が聞いた言葉である。プロジェクトの目的や方向性に合ったデザイナーを配置できれば、その後デザインについて細かく口出しをしなくても大きくブレることはない、という意味の発言だ。

重要なのはデザイナーやアートディレクターという職種ではなく、発注者が依頼しようとしている制作者のスキルセットや資質・個性と、これから依頼しようとしている内容・タスクや、求めるスキルセットがマッチしているかということだ。同じデザイナーを名乗っていても、持っているスキルセットや得意分野はさまざまであり、それぞれのデザインにかなり個性が反映されるのが実情である。

図3：クリエイティブディレクションの重要性

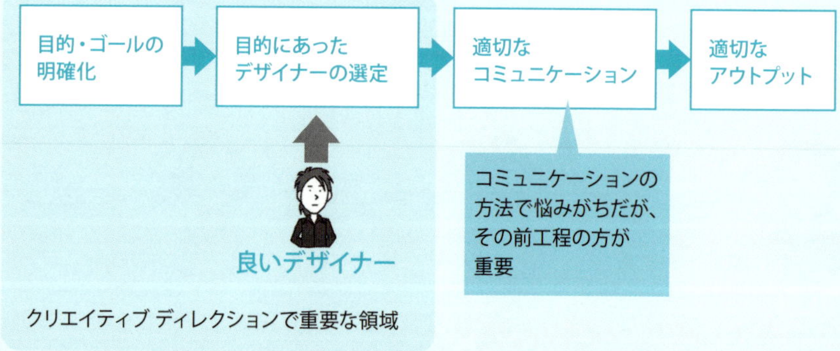

どうやってパートナー（制作者）を見つけるか？

要件に合ったパートナーを探すことが、よいデザインを作るうえで非常に重要であるということをご理解いただけただろうか。要件にマッチしたパートナーをプロジェクトに配置するために、どのようにして見つければよいだろうか。さまざまなデザイナーやクリエイターとのコネクションを幅広く持つことは、それを専業としていない限り困難なので、ここでは誰にでもできる「探し方」について紹介する。

信頼できるクリエイティブディレクターやアートディレクターに依頼する

この方法がもっとも確実である。発注者はあくまで依頼主として要件を伝え、人選はクリエイティブディレクターやアートディレクターに依頼する方法だ。経験や人脈のあるクリエイティブディレクターやアートディレクターであれば、プロの視点から、依頼された要件にマッチしたデザイナーやディレクター、制作会社を推薦してくれる。そのため信頼できるクリエイティブディレクターやアートディレクターと知り合うことで、さまざまなニーズに合ったデザイナーを配置することが可能となる。

クチコミを使う

自ら制作者やデザイナーを探さなければいけない場合は、関係者からのクチコミが信頼できる判断材料となる。一度プロジェクトを一緒にこなしていれば、対応・クオリティ・価格感について詳細に知ることができる。この際のメリットは会社単位ではなく、デザイナー個人のスキルがよくわかることだ。デザインには会社ごとの傾向もあるが、やはり個人に依るところが大きい。

図4：クチコミでデザイナーを探す

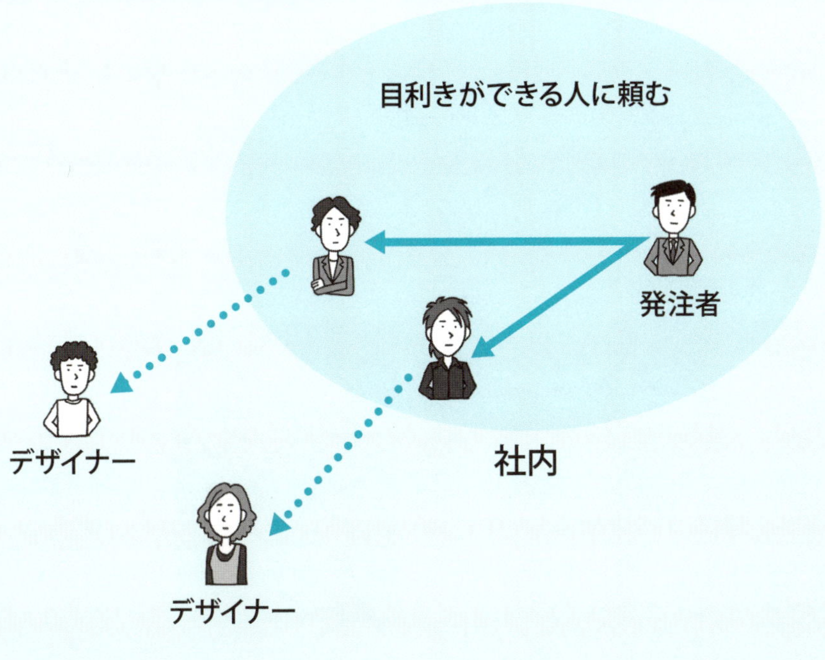

年鑑・専門誌を見る

年鑑やWebデザイン、広告の専門誌には制作実績が掲載されており、実績から横断的に会社を探すことができるため効率がよい。その会社が得意としてる分野・業界・デザインのトーンなどを知ることができる。ただし得られる情報は担当デザイナー個人のスキルでなく、会社としての方向性がわかる程度にとどまる。実際に発注した場合どのようなデザイナーを配置できるのかについて、発注前に確認しておく必要がある。

アワード受賞者を調べる

受賞歴やコンクールでの入選など、客観的な評価を得ている中から選ぶことも、安定した人材を選択するための方法である。Web制作関連のアワードでは、

- TIAA（東京インタラクティブ・アド・アワード）
- Webクリエーションアウォード
- アックゼロヨンアワード
- Yahoo! JAPAN インターネット クリエイティブアワード
- Web of the Year
- JWDA 日本Webデザイナーズ協会　Webデザインアワード

などが有名である。これらのアワードは、どこの制作会社の誰が作ったのかがわかるため、それを参考に問い合わせてみるとよい。

プロジェクト体制を組む前に要望すれば、担当デザイナーの仕事や経歴を教えてもらうこともできる。ただし、担当者本人がすべてを作業するのか、助手がいてディレクション業務中心などかによっても結果は異なってくる。そこまで確認するには「共同作業者がいるのか」「分担はどのように行うのか」「スケジュールの伸縮に対応する場合はどのような対応を考えているのか」といったことも聞いてみるとよい。

セミナーや勉強会などイベントでの出会い

Web関連の勉強会やその懇親会などに出席すれば、中小規模の制作会社やフリ

図5：年鑑や専門誌の例

ウェブデザイン専門誌『Web Designing』（毎月18日発行／毎日コミュニケーションズ）

Web制作者年鑑『WebDesigning Year Book 2011』（毎日コミュニケーションズ）

図 6：Web 制作関連の代表的なアワード

Yahoo! JAPAN インターネット クリエイティブアワード 2011
http://creative-award.yahoo.co.jp/

TIAA
東京インタラクティブ・アド・アワード
http://tiaa.jp/

ーランスのデザイナーと知り合うことが可能である。知り合える相手のレベルはさまざまなので、出会いが仕事に結びつくというよりも、人脈を広げられるチャンスと考える。後日連絡をしてポートフォリオ (制作実績) を見せてもらったり、Web サイトで会社の規模などを把握しておくとよい。

ポイントとしては実績や会社の規模だけでなく、どの職種が何人いるなどの体制を対面時に聞いておくことだ。制作体制については Web サイトなどに書いてあることがほとんどなく、プロデューサーや営業がいるのか？ディレクターは何人か？ デザイナーやコーダーは在席しているのかなどを会った際に確認しておくと役立つ。

Web で検索する

希望する条件で Web 検索し、実績や会社規模を確認して連絡をするという方法。情報が限られてしまうので、なるべく多くの制作会社を見比べ、数社を選んで声をかけ、対応から判断するのがよい。なお、Web 上には複数の制作会社への見積もりなどを一括依頼できるサイトもあるが、ごく小型の案件以外はリスクが大きいと考えるべきだ。

以上のどの方法でも共通だが、ある程度コネクションがある制作会社があり、似たようなプロジェクトを発注者も制作者も経験があるような場合以外は、必ず複数社に声をかけ、比較するべきである。発注者の経験が浅い場合、制作者を評価する基準が作れないため、適正な評価ができず、立場も弱くなってしまうからだ。具体的な評価基準については次節で述べる。

POINT

- ▶ 同じデザイナーといってもスキルセットは様々
- ▶ 目的や要件にマッチしたパートナー（制作者）の選定が重要である

Chapter 2

Section 5

Lecture

パートナー（制作者）の評価

デザインの評価において重要なのは、同じ項目で比較を行える状態にしてから評価することである。A社は実績で大手クライアントを手がけているが制作体制はよくわからない、B社は実績はわからないが制作体制は盤石である、というようなちぐはぐな情報では、正しい評価を行うには不適切な状況といえるだろう。

実行プランの提案を受けることで力量を見極める

複数候補のパートナー（制作者）を1つに選定するまでには、打診→顔合わせ→提案依頼→見積もり・提案を受ける→質疑応答といった流れが一般的だ。複数の会社を同じ項目で比較できるようにするには、以下の表のような一定の評価項目を持つことが重要である。RFPで示した内容と同一の提出物を受け取ることで比較がしやすくなるからだ（図1）。

表1：比較項目一覧の例

提出物	概要	重要度
見積もり・提案時の提出物	見積もりにおける条件やオプション	★★★
	見積もりの根拠となるタスクリスト	★★
	概算スケジュール	★★★
	体制図	★
コミュニケーション面	コミュニケーション力	★★
	レスポンス	★★
	興味や熱意	★
	アイデアや提案	★
デザイン面	デザイン品質	★★★
	制作実績	★★
	デザインの幅、得意分野	★
環境面	所在地や距離	★★
	会社の雰囲気	★
	対応時間	★★
管理体制面	体制・管理品質	★★
	リソーススケーラビリティ	★★★
	スケジュール	★
	スコープに対する柔軟性	★★★★
その他	コスト面	★★
	コンプライアンス面	★
	その他リスク面＝自社内ですべて完結しているか	★★★

図1：同じ項目で比較する

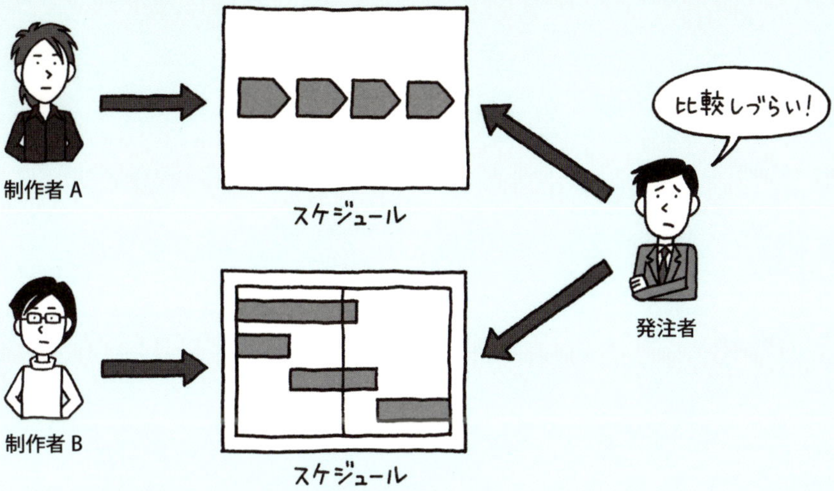

同じスケジュールでも項目や形式が異なると比較しづらい。

見積もり・提案時の提出物の評価

見積もりにおける条件やオプション

見積書には、その見積もりの条件を併記してもらうか、発注者からRFPの中で前提条件を示すのがよい（図2）。ここでいう条件とは、提出の形式（HTML形式なのかフォトショップファイルなのか両方なのか）や、利用条件（流用転載の可否）、レンタルポジなどの素材費込みか別途かといった詳細情報だ。これらの条件がはっきりしないと、見積もりの見込みが甘いということになる。タスク管理やリスク管理の甘さは見積もりにあらわれる。

見積もりの根拠となるタスクリスト

タスクリストとは、成果物を作るために必要なタスクをリスト化したものだ。美しい資料である必要はなく、どのようなタスクを行う想定しているのかの一覧表を貰っておけばよい。通常見積もりの精度を上げるためには、それぞれの工程にどのようなタスクがあるのかを把握するために、ワーク・ブレイクダウン・ストラクチャ（WBS）を作成し、それぞれのタスクにかかる工数を積み上げて見積もりを作成する。WBSとは、プロジェクトにおける作業を可能な限り細分化し、それぞれの作業に必ずコストや人員を割り出す手法である。

図2：前提条件の例

＊文章、写真データについては御社支給のものとして見積もっています。
弊社で用意する場合は別途費用が発生いたします。

＊デザインは3案作成することを想定。大きく工程が膨らむような要件追加の場合は、別途費用が発生いたします。

図 3：見積もり項目の例

御 見 積 書

ワークスコーポレーション　御中

下記の通りお見積致しましたので、ご査収の程宜しくお願い申し上

合計金額：775,000円

項	内容
1	Web制作費一式

御 見 積 書

ワークスコーポレーション　御中

下記の通りお見積致しましたので、ご査収の程宜しくお願い申し上げます。

合計金額：775,000円

項	内容	数量	単位	単価	
1	現状サイト調査	1	式	¥100,000	
2	リニューアルコンセプト立案	1	式	¥80,000	
3	サイトストラクチャ、ワイヤーフレーム作成	1	式	¥120,000	
4	ビジュアルデザイン作成	10	ページ	¥25,000	
5	HTMLコーディング	45	ページ	¥5,0	

その工程を省いて「デザイン一式」としかしていない場合は見積もり精度が甘い体制であるということがわかる。

タスクリストを必須と考える場合は、あらかじめRFPの中で見積もり提出時の添付資料としてタスクリストを入れるようにする。スケジュールが細かい作業リストで構成されている場合には特に必要はない。こうしたリストは、複数社の内容を比較することで、タスクの抜けや漏れを指摘できるようになる。タスクリストを正確に出すには経験が必要だが、複数の見積もりの項目を比較することで、見積もりの精度を上げることが可能となる。

概算スケジュール

プロジェクトの開始日や終了日、中間成果物のアップ日、確認期間など、おおよそのスケジュール提案を受ける。この時点では不確定要素も多いため、確定スケジュールは正式発注の前に改めて決定する。

体制図

メンバー構成とそれぞれのメンバーがどの程度プロジェクトに関わるかを確認する。どのようなスキルセットの人員がどの程度必要と考えているかをわかるようにすると、見積もりの根拠が明確になる。体制図に個人名が明記されている場合は、その人物の過去の実績についても説明を受けておく。必須条件とする場合はRFPの見積もり提出時の添付資料として指定をする。

コミュニケーション面の評価

コミュニケーション力

対面時、電話のやり取り、メールの文面など、コミュニケーション力を評価する。窓口が誰なのかよくわからなかったり、対応に問題がないかのチェックしておく。

レスポンス

初回コンタクト時、質問や日程検討のメールのやり取り時のスピード、遅れた場合のフォローの仕方を評価する。レスポンスのスピードはプロジェクト全体に影響するので、評価項目として重要だ。メールを送って 3 営業日以内にレスポンスがない場合などは論外である。特に厳しい日程が予想されるプロジェクトではフィードバックまでのスピードが非常に重要になるため、評価を重視する。

興味や熱意

打ち合わせや、やり取りにおいて、依頼するプロジェクトに対する興味や熱意がどの程度ありそうかを評価する。態度・レスポンス・質問事項があったかなどだ。案件規模が制作者の会社規模と合わず、あまり興味や熱意がない場合は、稼働していないメンバーがアサインされたり、優先度の低さからレスポンスが遅くなる可能性がある。

アイデアや提案

発注者が提案依頼した事項に対して、このように考えたほうがよいだろうという提案や、他のプロジェクトではこんな工夫をしたという経験を教えてくれるなど、気が利くかという点に対する評価。営業担当は色々アイデアを出してくれたが、実際プロジェクトに配置された実務の担当者は一切アイデアを出さなかったということもある。簡単に判断できるものではないが、注意が必要な評価項目である。

デザイン面の評価

デザイン品質

プロジェクトを担当するアートディレクターやデザイナーが制作した過去の成果物のデザイン品質を評価する。Web サイトの内容とデザインがマッチしているか、カラーリング、レイアウト、写真の処理などである。競合サイトや目標としているサイト等と比較をし、遜色がないかを見るとよい。

制作実績

実績を確認し、発注者と同程度の規模のクライアントとの取引があるかを評価する。発注者とあまりに異なる規模のクライアント案件ばかり制作している場合、コスト・スピード感・コミュニケーションのやり方・役割分担などで問題が生じやすいので注意が必要である。必須条件とする場合は RFP の見積もり提出時の添付資料として指定をする。

デザインの幅、得意分野

例えばイラストレーターなどの場合、特定の描き方やテイストしかできなければ、発注者の要求に応えられない場合がある。デザインも同じで、堅いかっちりしたものが得意なのか、楽しくポップなものが得意かなど、得意分野を制作実績から評価する。依頼の方向性がかなり絞り込めている場合は、デザインの幅よりも、テイストが合うかどうかが重要だ。

一方、まだイメージがはっきりせず、今後さまざまな展開が予想されるような場合には、デザインの幅を持っていることが重要になる。

環境面

所在地や距離

会社間の距離が遠いと対面での打ち合わせに支障が出ることがあるため、注意が必要である。通常のやりとりはメールで可能だが、緊急対応などは対面で行ったほうが安心できる場合もあるからだ。

会社の雰囲気や対応時間

制作者側の会社を訪ねて、雰囲気を確認する。この会社に任せて大丈夫か？　といった常識的な直感は、案外正しいことが多い。行ってみることで人員体制の懸念などが判明する場合も稀にある。また、プロジェクトによっては 20 時以降の対応が必要となる場合もある。18 時にはほぼ全員退社しているというようなギャップを目で見て確認できれば、それに対処することもできる。

管理体制面

スケジュール

スケジュール管理に対する評価。伝えた要件が正しくスケジュールに反映されているか、大まかなスケジュールになっていないかをチェックする。余裕が少ないスケジュールが提案された場合、リスク管理の観点で注意が必要だ。スケジュール作成は、プロジェクトのシュミレーションを行うことでもある。成功するプロジェクトのスケジュールにはストーリーがあり、具体的なプランニングがスケジュールに現れている。

体制・管理品質

適切な体制が組めるかどうかの評価。人数が多ければよいわけでなく、適切な人数・役割・経験をもった人員体制を組めているかという評価である。1 人で窓口・ディレクション・デザインをこなすような体制や、常に複数案件を担当させられているような制作体制では、“この期間限定でしか動けない”など融通がまったく利かない。担当者が他で大きな案件を抱えているかなど、確認をしたほうがよい場合がある。またクリエイティブコンセプトから作りこむ必要があるプロジェクトにディレクターとデザイナーしかアサインされてないなど、必要なスキルを持ったリソースが確保されているかどうかのチェックも忘れずに。

リソーススケーラビリティ

デザインサンプルを大量に作成する際など、サポートできる人員がどの程度確保できるのかという評価である。チームに 1 人しかデザイナーがおらず、他チームからサポートしてもらえない場合、リソーススケーラビリティがまったくないという評価になる。

スコープに対する柔軟性

システム開発を伴うプロジェクトなどで、システム会社にデザインも一括して依頼するような場合に注意が必要な評価項目である。スコープに忠実な場合、制作者は2回以上の戻しは明らかに文字が間違っていても受け付けないなど、線引きをしてくる場合がある。

その他

コスト面

Web制作において、コストの大半は基本的には人件費となる。そのため、同程度の規模の会社の場合、コストにはどれだけ人手を割り当てるつもりか、バッファをどのぐらい見込んでいるかということが差となって現れる。極端に安い場合などは、見込みが甘い可能性があるため、注意が必要である。

コンプライアンス面

機密情報の取り扱い不備やレンタルポジの不正利用など、コンプライアンス面でのリスクがないかの評価である。プライバシーマークやISMS（情報セキュリティマネジメントシステム適合性評価制度）が取得されているか、秘密保持契約（NDA）等の対応がスムーズに行えるか、実績である程度大きな企業との取引があるかなどで判断する。

自社内ですべて完結しているか

デザイン部署は社内にもっておらず、外注しているという制作会社もある。そのような場合、連携が上手くいかなかったり、レスポンスが遅いなどのリスクが高いため、事前に確認をしておくことが望ましい。

本節で挙げた評価項目は標準的に必要と思われる評価項目となるため、依頼しようとしている内容により、不要な項目は外し、新たに必要と思われる項目は加えて評価する。また複数の人数で定量的に評価するような場合は、依頼内容によりあらかじめ評価項目の重みづけや、評価の優先順位を決めておくとよい。

POINT

- ▶ 複数のパートナー（制作者）から1つを選定するには、同じ項目で比較できるようにする
- ▶ デザインだけでなく、提出物やコミュニケーション面、環境面、管理体制面など多面的に評価する
- ▶ RFPで示した内容を照らし合わせるとよい

Chapter 2

Section 6

Lecture

コンペの実施

コンペとは、コンペティション (competition) の略で、提案依頼書（RFP）などの一定の条件に従い、複数のデザイナーや制作会社から提案やデザインを募り、その中から優秀なものを選ぶ制作者の選択方法のことである。本節では、コンペの実施に関する注意点などを解説する。

コンペのメリット

通常、Web制作のプロジェクトでのコンペが成り立つのは、コンペに通過すると数百〜数千万円の受注になったり社会的意義が大きいなど、制作者が得るものが大きい案件のみである。一方、発注者にとってコンペを行うことのメリットは、次のようなものである。

デザイン力や段取り力を事前に見ることができる

コンペを行うことの最大のメリットは、実際に発注する前に制作者のデザイン力やプロジェクトの進め方などを確認できることである。

図1：コンペの流れ

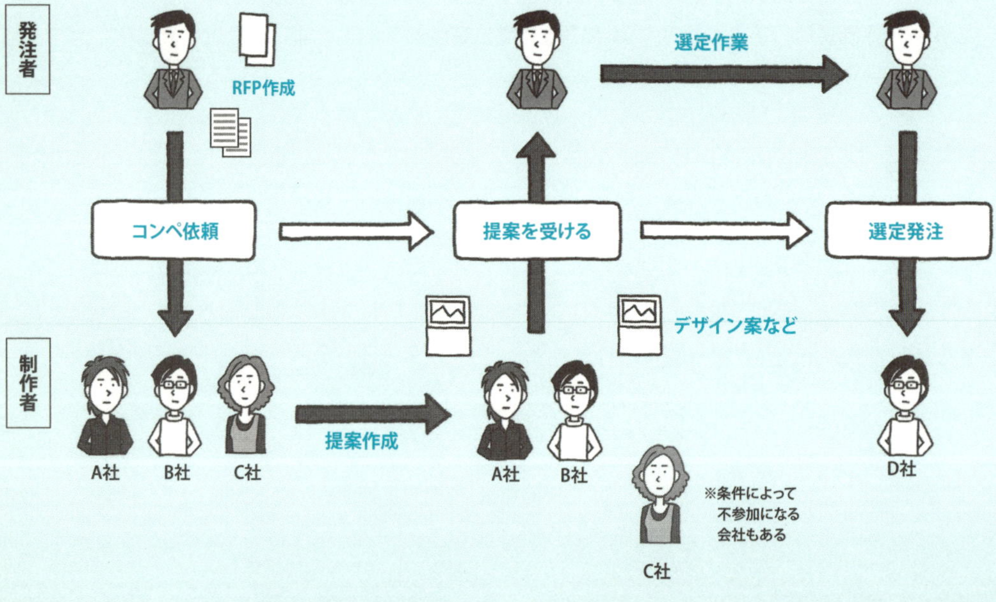

図2：メリットは比較検討ができること

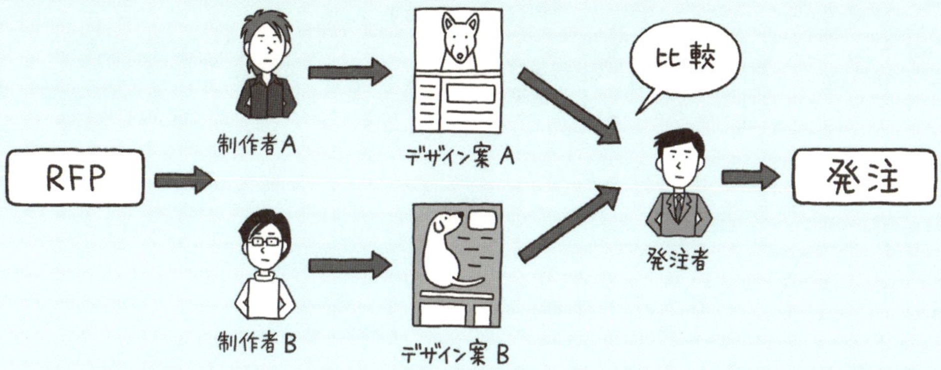

制作者のデザイン力やプロジェクトの進め方は、過去の事例やドキュメントなどを見ることである程度推し量ることは可能だが、実際の要件をもとにやり取りを行い提案をしてもらえば、発注した際のイメージを描きやすくなる。

比較できる

複数社から提案及び、そのドキュメントを受け取ることで、発注者は相対的に制作者を比較できる（図2）。提案内容、スケジュールや体制の組み方、コスト配分など、1社とのやり取りだけでは見えてこない比較が可能となるからだ。1社のみと進めている際によいと思っていることでも、比較することでさらによいやり方を発見できることもある。

コンペのデメリット

一方、デメリットは、スケジュールやコストの増加である（104ページ、図3）。

スケジュールが伸び、手間がかかる

コンペを行う場合、提案依頼書（RFP）の作成、参加する制作者への声がけ、オリエンテーションの実施、発注先の選定、といったタスクが発生する。プロジェクト初期段階の全体像がぼんやりしている中での提案依頼書作成は、相当のスキルが必要となり、手間もかかる。またスケジュールの面から見ても、これらのタスクは手際よくこなしても1ヶ月程度かかってしまう。

また、受注金額の低いビジュアルデザインのみでのコンペは、制作者のメリットが少ない条件でのコンペとなってしまい、参加する制作者が少なくなることが予想される。そのため、コンペフィーを出すなど制作者側のリスクを減らし、バランスを取るといったことも検討する必要がある。

図 3：デメリットは時間とスケジュールが増加すること

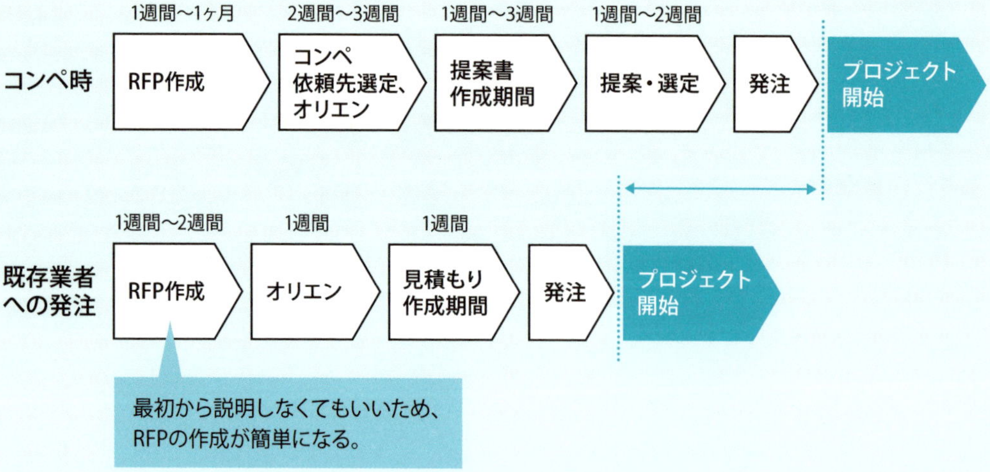
1週間〜1ヶ月
2週間〜3週間
1週間〜3週間
1週間〜2週間
コンペ時
RFP作成
コンペ
依頼先選定、
オリエン
提案書
作成期間
提案・選定
発注
プロジェクト
開始
1週間〜2週間
1週間
1週間
既存業者
への発注
RFP作成
オリエン
見積もり
作成期間
発注
プロジェクト
開始
最初から説明しなくてもいいため、
RFPの作成が簡単になる。

コミュニケーションコストの増加

コンペで決めた新しい制作者は、当然ながらそれまでの仕事の経緯を知らず、発注者への理解が乏しい状態だ。そのため、プロジェクト初期に密なやり取りをする必要が発生したり、やりとりをしてもお互い意図を汲み取れない場合もある。関係を深めていくためには、一定のコミュニケーションコストが必要だ。

注意点

適切な提案依頼書の作成と、オリエンテーションの実施

コンペを行う上での最大の注意点は、適切な提案依頼書の作成、オリエンテーションの実施である。それらを通じて、発注者のことをあまり知らない制作者に対して、どのような仕事をしてもらいたいかを的確に指示できなければ、コンペ自体の意味がなくなってしまう。

コンペフィーなど対価の設定

参加メリットが少ないコンペの場合、コンペフィーを出して参加を促す必要がある。コンペは必ず参加しなければいけないという強制力はなく市場原理が働くものとなるため、発注者と制作者双方のメリットとデメリットをバランスさせることで、よりよい提案を受けることが可能となる。

適切なスケジューリング

参加する制作者が準備する時間を適切に設定をしなければ、まともな提案は出てこない。通常、準備に必要とされる期間である 2 週間程度より明らかに短い期間で設定を行った場合、ただコンペに参加するだけの仕事になってしまうのは明らかだ。依頼事項がどの程度プレゼン準備の時間がかかるかについては、コンペ実施前に目算を立てておく必要がある。

アイデアの流用に関するルール

コンペフィーの設定にも関わってくるが、発注しなかった制作者の提案やアイデアは流用はトラブルの元となる。提出された案を参考に最終案を考えたい、というような場合は、提案依頼書や参加条件にその旨を明記し、コンペフィーを発生させるのが望ましい。

POINT

- コンペを行うことで発注前にデザイン力、段取り力を見ることができる
- コンペはスケジュールが伸び、手間がかかる
- コンペの成功は適切な提案依頼書の作成ができるかどうかにかかっている

Column

Webデザインコントロールに役立つ本①

『世界一わかりやすいプロジェクト・マネジメント』
著者＝サニー・ベーカー、G. マイケル・キャンベル、キム・ベーカー
翻訳＝中嶋秀隆、香月秀文
総合法令出版刊

プロジェクトマネジメントの標準的な知識体系であるPMBOKを、理論だけに偏らず、適度にわかりやすく丁寧に解説した本。丁寧な分500ページ近くあるが、前半部分を読んでおくだけでも、プロジェクトの進め方に対する見方が随分変わることになるだろう。

PMBOKはマネジメントのプロセスとして、立ち上げ・計画・実行・管理・終結という5つのプロセス（管理プロセスは実行プロセスを管理するプロセスなので同時並行的）で構成しているが、この本では3分の2近くが立ち上げと計画に割かれていて、いかに立ち上げ&計画が重要かがよくわかる。火を噴くプロジェクトというのは、大抵スタートの時点で「このプロジェクトやばいな」というのがわかるのもうなずける。

自分がきちんと理解して実行するのはもちろんのこと、プロジェクトに関わるメンバーがこの考え方を理解しているか、知っていれば、プロジェクトはかなりの確率で上手くのではないかという気がする。事業者側にいるとどうしても数値目標が先にきてしまいがちではあるが、プロジェクトの進め方を理解しているのとしていないのでは大分違うなあと実感する。

Chapter 2

Section 7

Lecture

実行プラン策定

ここまでに見てきたのは、RFP をもとに制作者から提案を受け、それをどのように評価するかについての考察である。ここでは、さらに大規模なプロジェクトなどで、プランの作成そのものを発注者と制作者の共同で進める場合について見ていく。

プロセスプランニングは「プロセスのデザイン」

ビジュアルデザインにおけるプロセスプランニングとは、より適切なビジュアルデザインを作り上げるために、どのようなプロセスで制作を進める必要があるかを設計することである。

例えば、料理コンテストに出す料理レシピを完成させたいという場合に、もちろん自分ひとりで試行錯誤する方法もある。だが、知り合いのシェフやグルメな友達に味見をしてアドバイスを貰い修正する、というプロセスを入れれば、よいアウトプットにたどり着く確率を高めることができる。

ビジュアルデザインにおいても、よりよいアウトプットにたどり着くために、プロジェクトのプロセスをデザイン（設計）することはとても重要である。

プロセスの設計は、大きく 2 つに分かれる。どのような工程でデザインの方向性を絞り込んでいくかという「方向性絞り込みのプロセス」と、誰がどのように評価するかという「評価のプロセス」だ。

大きなプロセスの方向性が決まったら、次にそれらのプロセスを実行するのに必要な体制、スケジュールを組んでいく。

方向性絞り込みのプロセス

代表的なプロセス例には次のようなものがある（図 1）。方向性絞り込みのプロセスにおいて、検討すべき点は 2 点ある。「デザインの前にクリエイティブコンセプト、ビジュアルコンセプトを作るのかどうか」と、「デザイン案を複数案作

図1：代表的なプロセス例

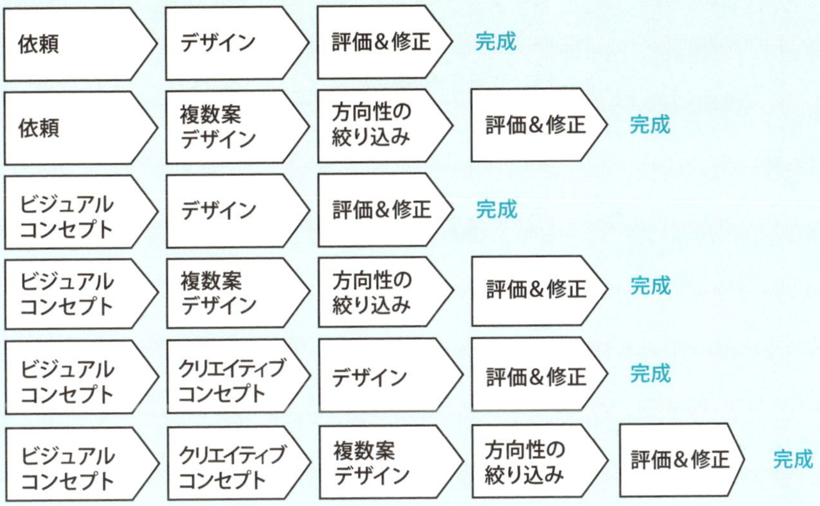
依頼
デザイン
評価＆修正
完成
依頼
複数案デザイン
方向性の絞り込み
評価＆修正
完成
ビジュアルコンセプト
デザイン
評価＆修正
完成
ビジュアルコンセプト
複数案デザイン
方向性の絞り込み
評価＆修正
完成
ビジュアルコンセプト
クリエイティブコンセプト
デザイン
評価＆修正
完成
ビジュアルコンセプト
クリエイティブコンセプト
複数案デザイン
方向性の絞り込み
評価＆修正
完成

るのか単案のみとするか」ということだ。

コンセプトメイキング

各プロセスの詳細な解説は「3-1　クリエイティブコンセプトの作成」「3-2　ビジュアルコンセプトの作成」を参照いただきたいが、プロジェクトの規模と新規性、予算によりクリエイティブコンセプト、ビジュアルコンセプト作成をどこまで詳細に行うか検討する。

例えばバナー作成のように定常業務に近いものではコンセプトをドキュメント化する必要はないが、数百ページあるWebサイトのフルリニューアルのような場合は、関係者の人数も多く、制作期間も長くなるためクリエイティブコンセプトやビジュアルコンセプトをドキュメント化しておくことで方向性のブレを防ぐことができる。

方向性の絞り込み方

デザインを複数案作る場合は、中間成果物のビジュアルデザインを見て、大枠の方向性の決定ができるようにあらかじめどのような振り幅の複数案を作るのかを考えておく必要がある。

単案のみでいく場合は、どのようなビジュアルデザインを作るかという方向性の検討を制作者と共同で検討する時間を持つべきである。具体的に参考となるWebサイトをデザイナーと見ながら検討したり、ラフをその場で書きながら検討するなど、発注者がある程度デザインの作業に加われる体制が必要となる。

表 1：評価方法

評価方法	ユーザーテスト
	ユーザーアンケート、インタビュー
	目的合致性の評価
	印象のインタビュー、アンケート
評価者	想定利用ユーザー
	社内のターゲットセグメントに近い人
	上司や同僚などの関係者
	発注者本人

評価のプロセス

ビジュアルデザインの最終的な評価を下すのは実際に Web サイトを利用するエンドユーザーだが、エンドユーザーが利用する前に「誰にどのようにして評価してもらうか」という評価のプロセスを設計することで、より適切なビジュアルデザインにたどり着く確率を高めることができる（表 1）。

依頼していたビジュアルデザインが制作者から提案された時に、誰にどのようにして評価してもらうかが決まっていないと、なんとなく好き嫌いで評価を行いかねない。今から作り上げようとしているビジュアルデザインの規模や予算により、どのような評価方法で評価させるかを設計する。

評価方法：ユーザーテスト

ユーザーテストとは、ビジュアルデザインを実際にサイトの形として利用できるようにコーディングしたり、パワーポイントやエクセルなどで各リンクがクリックできる状態としたり、ユーザーが操作できる状態にして評価をする方法である。

ユーザーに一定の課題を与え、どのように操作を行うかを観察する。そうすることで、制作者が見落としていた使い勝手やデザイン上の問題を発見できる。アイトラッキングなどを用いて、画面の何処に注意が行くのかを調べることもできる。使い勝手が重視される Web サイトにとっては重要な評価である。ただしユーザーテストはユーザーにとってそのビジュアルデザインが使いやすいかを評価するものとなるため、印象面の評価をするのには向いていない。

ユーザビリティの大家ヤコブ・ニールセンによれば、ユーザービリティの問題点を漏れなく見つけ出すには少なくとも 15 人にユーザーテストが必要であると述べているが（http://www.usability.gr.jp/alertbox/20000319.html）、同時に 5 人のユーザーテストで 85% の問題が発見できるということも示している。

ユーザーテストで適切な評価を得るためには、ターゲットユーザーがどのような状態でそのWebサイトを利用するかというユーザーシナリオの策定、適切な課題の設定、被験者に想定利用条件と同じ心理状態となるような進行、テストの被験者がどのような行動を行ったかの詳細な観察など、さまざまな経験が必要となる点は注意が必要である。

評価方法：ユーザーアンケート、インタビュー

ユーザテストと平行して行われることが多い評価手法である。実際に利用をしてみての使い勝手の感想や、迷った点やどのように解釈したかなどの認知面の調査、ビジュアルデザインの印象などをアンケートやインタビューを通して評価する。こちらもユーザーテスト同様にユーザーに一定の課題を与え、その課題の操作を通じてどのように感じたかのアンケートやインタビューを実施する。

注意すべき点は、アンケートやインタビューでどう認知したか、どのような印象だったかという洞察が得られる反面、感想や意見といった、ユーザーが「こうしたほうがもっとよくなると思う」という指示に近い内容も混じってくることである。よくあるのは、なんとなく嫌だという違和感・不快感を示すために、「具体的にここが悪いと思う。」という間違った指摘をしてくることである。

テストの被験者はデザイナーではないため、ここが悪いと指摘するポイントはあてが外れていることが多い。そのため、何に対して違和感・不快感を感じているかを見極めるスキルがテストを実施する側に要求される。

評価方法：目的合致性の評価

個別の課題を与え操作してもらうのではなく、ビジュアルデザインの目的や経緯、また各要素の優先度の説明とともに、ビジュアルデザインを評価する方法である。関係者間のレビューなどは特に説明が無くとも、経緯が共有されているため、この評価方法を行っていることになる。

目的合致性の評価を行う際の注意点は、評価者がビジュアルデザインの目的や経緯、また各要素の優先度などの前提事項を正しく共有できるかという点にある。共有しているつもりで認識の違いがあると評価が大きく変わってきてしまう。そのため、前提事項となる要点をドキュメント化し、何を見るべきかの視点を与えた上で、ビジュアルデザインの評価をさせる必要がある。

目的に合ったデザインか？という点は評価できるが、細かい使い勝手などの評価はできないため、ECサイトなど使い勝手が求められる場合には、ユーザーテストやアンケート、インタビューも併せて行ったほうがよい。

評価方法：印象のインタビュー、アンケート

ビジュアルデザインを見せて、どのような印象だったかを評価してもらう一番大雑把な評価方法。ブランドや商品イメージとビジュアルデザインが合致しているかや、インパクトがあるかなど、どのように感じたかという印象を知る必要があ

る場合には有効な方法である。

なんとなくビジュアルデザインを見せて「どう思うか？」とインタビューした場合に、この評価手法になっているという点は意識しておいたほうがよいだろう。印象のインタビューやアンケートは好みや、おせっかいな指示なども出てくるため、注意しないと振り回されることになる。

印象のインタビュー、アンケートを実施する際は、「先進性がある」、「かっこいい」、「親しみやすい」など 10 〜 20 個の軸を定め、それぞれの軸に対して 5 段階評価してもらうなど、定量化できる手法を選ぶことが望ましい。可能であれば既存メディアや競合サイトの印象調査も同様の軸で行い比較すると、課題が浮かび上がりやすくなる。

例えば、既存のメディアでは「親しみやすい」ブランドとして評価が高いのに、Web サイトではその軸の評価が低いとか、競合サイトに比べて先進性の評価が高いといったことである。

評価者の設定

評価者を決める際の注意点は、評価者と修正指示者は明確に区別して考える必要があるという点である。例えば映画を観て良かった悪かったは誰にでも評価できるが、その映画をどのように修正したらよりよくなるかは経験を積んだ者にしかわからない。それと同じように、評価者評価した内容をどうすればビジュアルデザインに反映することができるかを評価者にゆだねてはいけない。

評価者：想定利用ユーザー

一番望ましいのは、想定利用ユーザーに近い属性の人を評価者としてサンプリングし、事前に利用し評価してもらうことである。事前知識がなく前提事項を知らないユーザーには、目的合致性の評価など正しく説明を行うことが重要となる。

一般ユーザーを集めて評価するため、募集コストや事前にデザインを評価させることの秘密保持の観点から、テストを専門に行っている業者に依頼するのがよい。

評価者：社内のターゲットセグメントに近い人

業界に対する知識などで評価に若干の偏りが出てしまう面もある。しかし、プロジェクト外や他部署でターゲット属性に近いメンバーに協力を仰ぐことで、想定利用ユーザーに近い評価を得ることができる。

ただし、同じ社内でテストを実施することから協力的にしようという気持ちが芽生え、かえってアドバイスや指示を受けやすい点に注意が必要である。

評価者：上司や同僚などの関係者

テストの前提事項を知り得る立場なのでユーザーテストや、ユーザーアンケート、インタビューには向かない。しかし、目的合致性の評価は軸をそろえることができれば適切な判断がしやすい。

注意点は、思い入れが強く出やすいため、そのバイアスをどのようにして取り除き、客観的な評価とするかという点にある。

評価者：発注者本人

評価と指示が同時に行えるためスピード感を持って進めることが可能だが、当然ながら客観性に欠ける。発注者本人のみでの評価は基本的に行わない。

ビジュアルデザイン作成の流れれは、方向性の絞り込み後、評価され、評価で出てきた課題の修正を行い、再度方向性の絞り込みや評価を経たあと、そのビジュアルデザインで公開するという意思決定が行われ完成する。

修正や意思決定については「3-6 完成度評価とフィードバック」で解説しているため、そちらを参照いただきたい。プランニングを行う際は、方向性絞り込みプロセスや評価プロセスだけでなく、修正にどの程度時間を掛けるのか、修正後の再評価をどの程度の規模感で行うかということ、また意思決定のプロセスや、意思決定のための資料作り等も勘案して体制構築とスケジューリングを行う必要がある。

POINT

- **プロジェクトプロセスは「方向性絞り込みのプロセス」と「評価のプロセス」に分かれる**
- **求める品質により実行プランを設計する**

Chapter 2

Section 8

Lecture

プロジェクト編成

提案依頼を受けて提出された計画は、その時点では、まだ概算のものである。発注し、実際にプロジェクトを追考するには、メンバー編成やスケジュールを詳細に検討し、プロジェクトを編成する必要がある。

必要となるメンバー、日数の把握

実行プランが固まり、どのようにビジュアルデザインを作り、評価するかが決まった後にやるべきなのは、そのプランを実行する体制作りとスケジュールの策定である。この工程は正式な発注を前提として、その前後で行われる。

体制はプロセスプランニングにより決まった内容に従い、制作者が適宜専門のメンバーや業者を決めるケースが多いが、プロセスに必要となるメンバーを適切に決められるかはプロジェクトの成否を左右する重要な要素となるため、選ばれたメンバーや業者が適切であるかの判断は最低限行う。予算や業務上の都合で、発注者がプロジェクトマネジメントを行うような場合はなおさらである。

ビジュアルデザインの各プロセスで必要になるのは、次のような職種、もしくは同等のスキルをもったメンバーである。

デザイン作成に必要となるメンバー
デザイナー。デザイナーといっても紙媒体が得意でWeb制作はあまり経験がないというデザイナーもいるため、制作会社としてではなくデザイナー自身の過去の制作実績を見せてもらい、方向性と合っているかを判断するのが望ましい。

複数案のデザイン作成に必要となるメンバー
アートディレクター、アートディレクションのできるディレクター、もしくはディレクションのできるデザイナーが必要。複数案のデザインを作る場合は、どのような方向性で複数案を作るかという方向性の決定を行い、ジャッジをするディレクターを立てる必要がある。アートディレクションのスキルがあるプロジェクトマネージャーやディレクターが行うこともあれば、デザイナー自身が行うこともある。

外部でアサインできない場合は、プロジェクトのキックオフの際に、複数案のふり幅をどのように出すのかについて、制作者と協議の上で決めるとよいだろう。

ビジュアルコンセプト作成に必要となるメンバー

ビジュアルコンセプトの作成をするためには、ある程度の経験を積んだデザイナーか、アートディレクターが必要。Web 制作業界ではビジュアルコンセプトを作ったことがないというデザイナーも多いため、過去にビジュアルコンセプトの制作経験があるかを確認するのがよい。

外部でアサインできない場合は「3-2　ビジュアルコンセプトの作成」を参考に、成果物のイメージを共有したうえでデザイナーに依頼する。予算上、それも難しいという場合は、発注者側で叩き台をつくり、デザイナーと調整する日程を確保したスケジュールを組むことが必要になる。

クリエイティブコンセプト作成に必要となるメンバー

クリエイティブディレクターかアートディレクターが必要。ビジュアルコンセプトと同様に、クリエイティブコンセプトを作成した実績があるかの確認をする。

外部でアサインできない場合は「3-1　クリエイティブコンセプトの作成」を参考に、成果物のイメージを共有したうえで制作者のプロジェクトマネージャー、ディレクターに依頼する。発注者で担当する場合は、過去にプロジェクト内でクリエイティブコンセプトを作ったことがあるメンバーに参加してもらうなどの対応が必要である。

ユーザーテストに必要となるメンバー

ユーザーテストの実績がある会社。公開前にユーザーテストを行うためには、テストの設計、実施のためのテストルームの確保、解析及び分析とレポーティング能力（UI コンサルティング）が必要となるため、専門で行っている業者に依頼する。改善等の事後テストの場合は、デザインを 2 パターン作り A/B テストを行える業者になるだろう。

外部でアサインできない場合は、ターゲットユーザーに近い属性の社内メンバー等の時間を調整し、そのページ及びデザインを見る状況の説明、ユーザーがどのような行動をするかという仮説を立て、実際の操作の様子を見せてもらう。そうすることで、気付きが得られることも多い。ただし状況の説明や、操作中の誘導などにより結果が大幅に変わる点には注意が必要である。

ユーザーアンケート、インタビューに必要となるメンバー

リサーチが実施できる会社。アンケートの設計、インタビュアー、パネルユーザーを抱えているリサーチ・調査会社が必要になる。アンケートはネットで安価に

調査が可能な会社もある。

外部でアサインできない場合は、社内アンケートを取る際に属性に注意する必要があるだろう。女性向けサイトなのに男性社員ばかりに聞いても意味がない。また、奥さんが言っていたから、というように、少ないサンプルの意見に固執してしまわないように注意する。

目的合致性の評価に必要となるメンバー

発注者の社内で行うべき項目である。体制を考えるときに、最終評価者を体制図に組み込み、プロセス決定、方向性の決定など重要なポイントで確認を行うようにする。スケジュールを組む際に、あらかじめどのポイントで参加してもらうかを組み込んでおくのがよい。

印象インタビュー、アンケートに必要となるメンバー

リサーチが実施できる会社。アンケートの設計、インタビュアー、パネルユーザーを抱えているリサーチ・調査会社が必要になる。ユーザーアンケート、インタビューとの違いは、操作や使い勝手の面の評価ではなく、印象を聞く点である。評価軸（斬新、スタイリッシュ、先進的など）を定め、デザインに対してどう感じるかをそれぞれの軸で注意評価してもらう。そして、ベンチマークとなる差分を見ることが必要になるため、予算も期間も必要となる。

外部でアサインできない場合は、社内アンケートを取る際に漠然と聞くのではなく、評価軸を定めた形で定量化できる形でアンケートやインタビューを実施する。ユーザーアンケート、インタビューと同様、アンケートやインタビューを行う対象の属性には注意が必要である。

スケジュールはそれぞれのプロセスを加えるごとに、相応の期間が必要になる。特に外部に頼むユーザーテストやインタビュー、アンケートは１ヶ月など一定の期間が必要になるため、早めにスケジュールを確認する必要がある。

役割分担と体制図、スケジュールの作成

制作者が作成した体制図に対して、これまで上げた観点で、メンバーの過不足がないかを確認し、発注者側の社内の体制と役割分担について追加する形で明示しておく。

制作者と発注者のやり取りにおける担当窓口は誰が担当するのか、会議の際は議事録を誰が作りいつまでに共有するかなどのコミュニケーションルールの作成も重要である。

スケジュールは締切から逆算して引くのではなく、それぞれの工程にどのようなタスクがあるのかというワーク・ブレイクダウン・ストラクチャ (WBS) を作成し、

積み上げ方式で作成することが重要である。WBS をもとに引いたスケジュールで締切に間に合わない場合は、タスクを減らすか、精度を下げるか、締切自体を伸ばす（フェーズ分けするなど）対応が必要である。

また承認者を体制図に入れ、スケジュール上のどのタイミングで承認を取るのかということを初期に決めておくことも重要である。本書の内容とは多少離れるが、システムの絡む案件では、この体制作りとスケジュール作りを精度を高くやっておくことが、プロジェクト成功の一番のカギとなる。体制を甘く見ていたり、締切から逆算しただけのスケジュール作成が、プロジェクト失敗への第一歩となってしまうからだ。

図 1：体制図の例

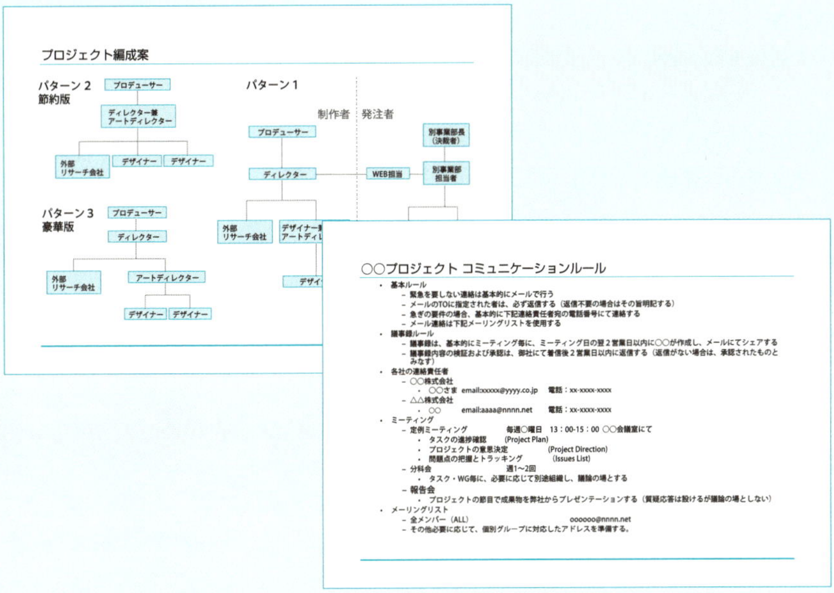

図 2：スケジュールの例

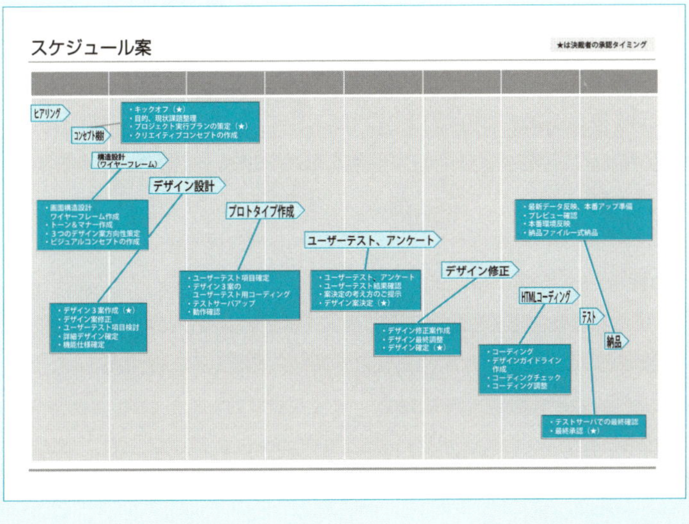

最終見積もり

プロジェクトプランの策定、計画したプロジェクトプランを実際に遂行するためのメンバー構成、プロジェクト編成、実行スケジュールがここまでの検討で確定した。発注を行うためにこの時点で最終見積もりをもらう。

正式発注前の見積もりの段階では、細かいプロジェクトプランや、メンバー構成、詳細スケジュールが見えていないため見積もりの精度が低い。発注先を決め、最終見積もりが出せる時点になるころには、当初の見積もりよりも上振れすることが多い。そのため、予算は当初見積もりよりも多めに確保しておくことが望ましい。また、実行プランやプロジェクト編成を詰めていく段階で予算が変わる部分に関しては逐一制作者から報告を受けるようにしておく。

POINT

- 制作者が配置したメンバーや業者が、実行プランを遂行するのに適しているかどうかの判断は最低限行う
- 体制作りとスケジュールづくりを精度高く行っておくことが、プロジェクト成功の一番のカギである

Column
Webデザインコントロールに役立つ本②

『決断の本質 プロセス志向の意思決定マネジメント』
（ウォートン経営戦略シリーズ）
著者＝マイケル・A・ロベルト
翻訳＝スカイライトコンサルティング
英治出版刊

組織の意思決定について、その組織の力を最大限生かすためにはどのような意思決定プロセスをすべきかということを体系的に書いてある書籍。

本書のポイントは、意思決定の成功の定義を「高い成果を出すこと」としておらず、「質の高い意思決定がされ、決定された行動方針を高い精度で実行したこと」と定義しているところにある。成果とは結果論でしかない、という前提において書かれているのがとても重要な点である。結果はコントロールできないという前提で、どうすれば成果をプラス方向に高めることができるか？ というアプローチになっている。

結果は、プロジェクトを進める中で起こる、さまざまな不確実性の高い要素によって変わってくる。つまり、結果＝質の高い意思決定×高い実行性×不確実性、ということ。この公式の中でコントロールできるポイントは「質の高い意思決定」と「高い実行性」だ。

ただ単に合意形成を行うのではなく、どのような人員構成やプロセスを踏めば質の高い意思決定が出来るのかということが本書には書かれている。また意思決定だけではなく、その決定を推進をしていく関係者をいかに巻き込みコンセンサスを形成するかが、重要であると説く。

よくあるのが、理屈として正しいし個別の意見を聞いていたらまとまらないから、と推進メンバーを議論に参加させずに物ごとを決めてしまい、その決定が推進されずに頓挫するというようなことである。そんな進め方では協力が得られず実行されなくなってしまう。それでは、どうやってメンバーを巻き込むか？　協力してもらうか？　ということがよくわかる一冊。

Chapter 2

Section 9

Lecture

契約・発注

いよいよ制作を依頼する制作会社に発注する。本書で扱っているビジュアルデザインに関して、金額やプロジェクト規模から考えると契約面でのリスクはそれほど大きくはないため、契約書及び契約形態の詳細については省くが、下請法に関しては知らないと法律違反になる可能性があるため、解説する。

発注方法

詳細な発注方法については会社ごとに異なるため、基本的には自社のルールにのっとった形で発注を行う。大抵の企業は、取引先との取引を行う際、基本契約書と注文書、注文請書により受発注を行っている場合が多い。Web サイトの作成は公開前の機密情報を扱うことも多いため、契約前に NDA（秘密保持契約）を結ぶケースも多い。コンペやオリエンに際して NDA を結ぶこともある。

基本契約書・・・基本契約書では、すべての個別の取引にも適用されるような、共通した取引条件を決める契約書。最初に取引を行う際に結ぶ契約。
注文書・・・発注者が制作者にどのような注文を行うかを記した書類。個別の取引の詳細が書かれているため、個別契約書とする場合もある。見積書とほぼ同じ内容になることが多い。
注文請書・・・発注者から依頼があった内容で、制作者が注文を請けると承諾したことを証明する書類。
NDA（秘密保持契約書）・・・発注者が機密情報を開示する際、開示先に情報の保持を約束させ、漏えい防止を目的とする契約書。

なお、次項で詳しく説明する下請法が適用される場合は、書面による契約を交わす前に作業を開始させることは違法になるので注意が必要である。

下請法

下請法（下請け代金支払遅延等防止法）とは、親事業者による下請事業者に対する優越的地位の濫用行為を取り締まるための法律である。

下請法の適用対象

ビジュアルデザインにおいて下請法が適用となる場合は以下のような条件である。
※プログラムも同時に発注する場合は条件が変わる。

表 1：下請法の適用対象

自社の資本金が 5 千万 1 円以上の場合	資本金 5 千万円以下の会社や個人事業者に外注していれば下請法が適用される
自社の資本金が 1 千万 1 円以上～ 5 千万円以下	資本金 1 千万円以下の会社や個人事業者に外注していれば下請法が適用される

親事業者の義務

下請法が適用となった場合の親事業者には、次の 4 つの義務が課される。

書面の交付義務・・・発注の際は、直ちに 3 条書面を交付すること（120 ページ表 3)。
支払期日を定める義務・・・下請代金の支払期日を給付の受領後 60日以内に定めること。
書類の作成・保存義務・・・下請取引の内容を記載した書類を作成し、2年間保存すること。
遅延利息の支払義務・・・支払が遅延した場合は遅延利息を支払うこと。

親事業者の禁止行為

親事業者には次の 11 項目の禁止事項が課せられている。たとえ下請事業者の了解を得ていても、親事業者に違法性の意識がなくても、これらの規定に触れるときには、下請法に違反することになる。

表 2：親事業者の禁止行為

受領拒否（第 1 項第 1 号）	注文した物品等の受領を拒むこと。
下請代金の支払遅延（第 1 項第 2 号）	下請代金を受領後 60 日以内に定められた支払期日までに支払わないこと。
下請代金の減額（第 1 項第 3 号）	あらかじめ定めた下請代金を減額すること。
返品（第 1 項第 4 号）	受け取った物を返品すること。
買いたたき（第 1 項第 5 号）	類似品等の価格又は市価に比べて著しく低い下請代金を不当に定めること。
購入・利用強制（第 1 項第 6 号）	親事業者が指定する物・役務を強制的に購入・利用させること。
報復措置（第 1 項第 7 号）	下請事業者が親事業者の不公正な行為を公正取引委員会又は中小企業庁に知らせたことを理由としてその下請事業者に対して、取引数量の削減・取引停止等の不利益な取扱いをすること。
有償支給原材料等の対価の早期決済（第 2 項第 1 号）	有償で支給した原材料等の対価を、当該原材料等を用いた給付に係る下請代金の支払期日より早い時期に相殺したり支払わせたりすること。
割引困難な手形の交付（第 2 項第 2 号）	一般の金融機関で割引を受けることが困難であると認められる手形を交付すること。
不当な経済上の利益の提供要請（第 2 項第 3 号）	下請事業者から金銭、労務の提供等をさせること。
不当な給付内容の変更及び不当なやり直し（第 2 項第 4 号）	費用を負担せずに注文内容を変更し、又は受領後にやり直しをさせること。

さらに詳しく知りたい場合は、公正取引委員会の下請法の Web サイト（公正取引委員会：下請法 http://www.jftc.go.jp/sitauke/index.html）を確認していただきたい。

3 条書面

親事業者は、発注に際して下記の具体的記載事項をすべて記載している書面（3 条書面）を直ちに下請事業者に交付する義務がある（図 1）。

図 1：3 条書面の内容

【3条書面に記載すべき具体的事項】

1）親事業者及び下請事業者の名称（番号、記号等による記載も可）
2）製造委託、修理委託、情報成果物作成委託又は役務提供委託をした日
3）下請事業者の給付の内容（委託の内容が分かるよう、明確に記載する。）
4）下請事業者の給付を受領する期日（役務提供委託の場合は、役務が提供される期日又は期間）
5）下請事業者の給付を受領する場所
6）下請事業者の給付の内容について検査をする場合は、検査を完了する期日
7）下請代金の額（具体的な金額を記載する必要があるが、算定方法による記載も可）
8）下請代金の支払期日
9）手形を交付する場合は、手形の金額（支払比率でも可）及び手形の満期
10）一括決済方式で支払う場合は、金融機関名、貸付け又は支払可能額、親事業者が下請代金債権相当額又は下請代金債務相当額を金融機関へ支払う期日
11）電子記録債権で支払う場合は、電子記録債権の額及び電子記録債権の満期日
12）原材料等を有償支給する場合は、品名、数量、対価、引渡しの期日、決済期日、決済方法

下請法が適用される場合には、発注時に上記の内容が書かれた書類（発注書）を直ちに交付する義務が生ずる。発注することを口約束のみで行い、制作者に発注書を発行する前に動いてもらう、というようなことをすると下請法違反となるので注意が必要である。

POINT

- 発注に際しては、基本契約書、注文書、注文請書、NDA（秘密保持契約書）の締結が必要
- 正式発注前に作業を開始させることは下請法に触れる場合があるので注意する
- 下請法が適用となった場合の親事業者には、4つの義務が課せられる

Column

計画的に発信することが大事

本書で書いている内容や、自主開催で行った勉強会（本書のもとになった「デザイン依頼の方法論」）、WebSig24/7という勉強会で話した「担当者のコトバに振り回されるな！」の内容、どれも私が伝えようとしていることは発注者と制作者のコミュニケーションの問題についてだ。

特別意識していた訳ではないが、Webの仕事を行っていく中でコストが掛かっている部分がどこかと改めて考えるようになって、この発注者と制作者のコミュニケーションの部分だと思えてくる。方法が標準化されている仕事ではコミュニケーションコストは低く抑えられるが、Webサイトの制作はほとんどがオーダーメイドなのでコスト高となる。

こうしたフレームワークやマインドに近い内容は勉強会が実施されることは少ないが、なぜ勉強会でこんなネタを話していたかというと、あるとき本を書きたいと思って、自分が話せるネタを片っ端から社内勉強会で発表を始めたことがきっかけだった。色々とネタを出していった中で一番自分が話せるのが、受発注コミュニケーションの部分だったのである。社内勉強会では、これを勉強会で扱うのは難しいのではないかと勉強会担当者から言われたし、WebSig24/7に登壇したときも、「わりと、できて当たり前の内容だよね」という意見もあった。

そんなことがあっても、もともとの目標である書籍化にたどり着いたのは、計画的に発信し続けたからかな、と思う。勉強会を開催して自分のブログにその資料を載せる、というサイクルを続けたことで外部の勉強会からの依頼を受けたし、書籍化してみないかという話ももらえた。本書でいうところのプロセスプランニングが功を奏した形だ。

改めて考えてみると「これはウケないかも」と思ったとしても、自分が話せるネタで発信し続けてみるのは大事なことなんだなと思う。

Chapter 2

Section 10

Case Study

著名デザイナーを起用するリスクを知る

「1-5 ビジュアルデザインによる問題解決」「2-4 パートナー（制作者）の選定」「2-5 パートナー（制作者）の評価」の内容を踏まえて、ビジュアルデザインで何をしようとしているのかをはっきりさせることの重要性と、パートナー選定時の注意点をケーススタディで学んでいく。

登場人物

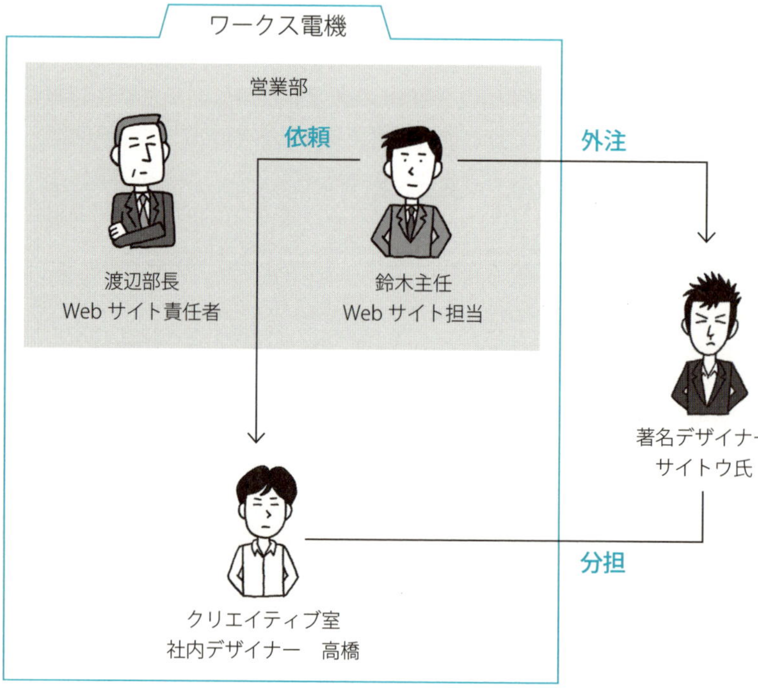

ワークス電機
営業部
依頼
外注
渡辺部長
Web サイト責任者
鈴木主任
Web サイト担当
著名デザイナー
サイトウ氏
クリエイティブ室
社内デザイナー　高橋
分担

▶このプロジェクトの教訓

ナショナルクライアントや、エッジの効いたプロモーションサイト手掛ける著名デザイナーを起用しても、使い方を間違えるとまったく機能せず、駄作を作らせてしまうこともある。著名デザイナーといえど万能の神ではない。デザインが解決できる領域を過大視することでどのような問題がおきるのか、このケースをもとに考えていただきたい。

Case Study

Story【ストーリー】

リニューアルの方針はユーザビリティの向上

大手家電メーカーのワークス電機の Web サイトは、主力の家電製品、その他関連サービス内容など掲載内容は多岐に渡り日々更新・追加されているため、サイト構造が複雑怪奇な状態となっていた。Web サイトの主管部門である営業部では、Web サイトのカテゴリの再編が急務となっており、Web サイトのフルリニューアルを大目標に掲げていた。

Web サイト担当の鈴木主任が社内ヒアリングを行ってみたところ、「トップページの要素が多すぎて見たいページにたどり着けない」「わかりにくい」「デザインが古い」などの意見が多く見られた。

事実、トップページは各部門の覇権争いの様相を呈していた。さまざまな部門の要望が集中するために所狭しとバナーが貼られ、掲載数が制限されているため、1 つのプロモーションエリアに複数の要素を盛り込むなど、デザイン面でもユーザビリティ面でも破綻していた。トップページをもっとすっきりさせて訴求力を上げ、かつユーザビリティを向上させたいというのがリニューアルの方針として営業部で共有されていた。

4 月に営業部の渡辺部長からリニューアルの方針が示された後、担当の鈴木主任のヒアリングを経て、6 月には鈴木主任を中心としたサイトリニューアルプロジェクトチームが組織された。

著名デザイナーの起用へ

ワークス電機のWebサイトの歴史上最大規模のリニューアルということで、プロジェクトメンバーは活気に満ちていた。また、渡辺部長の言葉通り、これまでにない規模の予算が充てられたことで、チームはワークス電機のWebサイトを業界でナンバー1にしようという熱気で包まれた。ブレインストーミングの中で社内デザイナーの高橋はこれまで温めていたアイデアを披露した。

社内デザイナー高橋

これまで社内のデザイナーが作っていたデザインを外部の著名なデザイナーに切り替え、斬新なデザインすることでブランディング強化を図るのはどうでしょう

今度ブランドスローガンが変わるため、スローガンに合わせデザインのトーンを刷新すべきです。そのためにはこれまでの流れにとらわれない社外の力が必要ですね

鈴木主任

2人の意見を上司も承認し、外部デザイナーの起用が決定した。鈴木主任とデザイナー高橋が、目ぼしいデザイナーに声をかけ、新進気鋭のデザイナーとして名が売れ始めていたサイトウ氏に白羽の矢が立った。サイトウ氏のデザインに以前から注目していた2人は、一緒に仕事ができるということで胸が躍った。

やりたいことと予算が合わない

プロジェクトが開始され、まずはサイトウ氏と進行や役割分担について打ち合せが行われれた。サイトウ氏が打ち合わせの中で「これは私がやった、と胸を張って言えるものにしたい」と発言したこともあり、チームは活気付いた。

しかし、サイトウ氏は思っていた以上に単価が高く、全体の戦略や方針の部分にまで深く関わってもらうことは予算的に難しいことがわかってきた。

サイトウ氏

コンセプト作成や、トップページの要素決定は御社で行っていただき、私はトップのデザインに集中する体制にしましょう。それであれば下層ページのデザインも御社で先行して進めてもらうことが可能になる。下層が決まってからトップページを作成したほうがよいものができますから

鈴木主任は全体のデザイン監修もサイトウ氏にお願いをしたかったが、コストやスケジュールから見て難しいこと、サイトウ氏の進め方を最大限尊重することで力を発揮してもらいたいと考え、合意した。

わかりました。ただし下層ページのデザインはアドバイスレベルでよいので意見をください

鈴木主任

サイトウ氏

はい。また、トップページのデザインの進め方ですが、要求・要件に沿っていないものは直しますが、なるべくこちらで決めさせてください。そうしないとエッジの効いたデザインにできませんから

鈴木主任

承知しました。いい物が作れるように頑張りましょう！

気鋭のデザイナーは、さすが強気だな……

サイトウ氏との進め方は次のようなものになった。

全体のリニューアルコンセプトは社内で作って斉藤氏と共有

↓

先行して下層のデザインをおこない、アドバイスを途中でもらう

↓

要求・要件に沿っていないものは直すが、なるべく斉藤氏に判断を任せる

まとまらないトップページの要件定義

「トップページをもっとすっきりさせ、重要な項目の訴求力・ブランディングを向上させる。また同時にユーザビリティを向上させる」というのがリニューアルにおける大きな目的だったが、トップページの要素の削減は予想以上に難航した。関連部署からはさまざま意見が噴出し、掲載しているものを取り下げるのはそう簡単ではなかったのだ。例えばアクセスログを分析結果からバナーを外す提案をすれば、「アクセス数が少ないからトップページに置かせてもらっている。まず認知されることが重要」などと跳ね返されてしまう始末。そんななか開かれたミーティングで、次のようなことが起きた。

サイトウ氏

はっきり言って御社の方々は時流をご理解していない。些末な話になってしまうのは、Webサイトの主管部署である営業部さんがWebサイトの本質を伝え切れていないし、意識を高められていないということが原因です。主管部門なのだからもっと発言力を強めるべきです。ワークス電機のブランドスローガン変更の体現と、競争力の復活という意味で、トップページは斬新なものにすべきです

とサイトウ氏が主張したのである。その場にいた全員が凍りつき、気まずい空気が流れた。たしかに現在の議論はあまりにも各部署の都合に寄り過ぎてしまい、Webをどのように使っていくのかというビジョンは見えてこなかった。

社内デザイナー高橋

…とは言え、ですよ。申し訳ないが社内の力関係もあり、営業部はそこまで強い発言権はもっていないんです

サイトウさん、おっしゃることはわかりました。営業部長から各部長経由で意見をまとめます

鈴木主任

社内デザイナー高橋の話を遮るように鈴木主任は言った。
このようにして、その場はなんとか収まったのであった。

☛ 社内調整の失敗

これまでの経緯から、現場担当者だけで問題は解決できない考えた鈴木主任は、営業部の渡辺部長とデザイナーサイトウ氏とが同席するミーティングをセットし、トップダウンで要素を削らせることを考えた。

抽象的な話だけではことが進まないと考えた鈴木主任は、渡辺部長とのミーティング時にサイトウ氏が考えるデザインイメージを、形にして持参するように依頼した。

しかし、サイトウ氏から出てきたアイデアは、Google のような検索をメインとする大胆なページ構成や、キャンペーンサイトのようなインパクトがあるものばかりで、ユーザビリティを向上させるという今回のミッションにはまったく合致せず、渡辺部長があきれ返る結果となってしまった。

あのラフデザインはいったいどういう意図でお持ちになられたのか！！

鈴木主任

普段穏やかな鈴木主任は電話口で激高していた。

要素を 2 つ 3 つ削るのではなく、ドラスティックに変える気概を持って取り組んでもらう必要があるということを認識してもらうためです

サイトウ氏

言っていることは正論だが、言われた通りに組織を動かすにはそれなりの説得力が必要だ。最初はサイトウ氏の挑戦的な態度に「気鋭のデザイナー」と思っていた鈴木主任だが、こうなってはただの「異端者」である。このデザイナーはうちの会社では使えないという気持ちが強くなっていった。

デザイナーの交替

サイトウ氏はブランドの競争力を高めるためにもトップページは要素を大幅に削りエッジの効いたデザインとし、そのための社内調整を行うことと、リニューアル後もクオリティを維持するために運用フェーズでもデザイナーを配置することや、厳格なガイドラインの設定などを求めていた。この主張は各部門の意見とは相容れず、「デザイナーの選定を誤った」という意見も出始めた。

確かにサイトウ氏が言うようなことができれば画期的なトップページはできるかもしれないが、社内で承認を得られないだろう。そもそも関連部署のミッションと営業部のミッションは異なるので、全員が納得するかたちにするには、細かなコミュニケーションが必要だ。

結局、鈴木主任はデザイナーサイトウ氏をこのプロジェクトから外し、下層ページのデザインをひと通り終え、ページ構成や内部事情を理解していた社内デザイナーの高橋にトップページのデザインを任せた。もちろん、サイトウ氏からは途中までの作業費を請求されたのは言うまでもない。

社内デザイナーの高橋は、無計画に追加された情報をエリアごとに整理し、メリハリをつけてデザインし直した。その結果、見栄えは無難だが、使いやすく、社内の評判もよいデザインとなったのである。

Analytics【分析】

このケースは、「デザインを革新的なものにしたい」という不明瞭なゴール設定と、デザインを問題解決の目的にしてしまった例である。なぜデザインを革新的なものにするのか？という問題の本質に対する洞察が浅く、著名デザイナーというキーワードに思考停止していまい、デザインが諸々の問題を解決してくれると過剰な期待をしてしまっている。どのような点が問題だったのか見ていこう。

要件定義が甘い

「トップページの要素を減らしたい」という要望と、各部の「目立つ位置に自部門の PR を掲載したい」という要望は相反する。この 2 つの問題を解決するために部分的にデザインで解決することも可能だが、トップダウン、ボトムアップを含め基本的には各部門と調整を行う以外に方法はない。

「著名なデザイナーならこれらの問題を解決できる」というのは幻想だ。デザインは、あくまでも手段なのである。「1-5 ビジュアルデザインによる問題解決」で述べたように、このケースではビジュアルデザインで解決すべき問題と、他の手段で解決すべき問題が混在してしまっているのが大きな問題である。

デザイナーに依頼をする前に、関連部署に対してどの程度の調整が可能なのかをはっきりさせた上で、トップページの役割を定義することが必要であっただろう。

体制作りが甘く、役割分担があいまい

外部の著名デザイナーであるサイトウ氏を選んだ時点では、デザインを一任する予定だった。しかし、予算の関係でコンセプト作成やトップページの要素決定などほとんどのことは社内で行い、実際にはサイトウ氏の立場では内容決定に関われない一方で、社内デザイナー高橋はサイトウ氏からアドバイスをもらう（予定）といういびつな体制になった。

またサイトウ氏はデザイナーというポジションにも関わらず、クリエイティブディレクター及びアートディレクター的な発言をしているのも問題である。サイトウ氏がアートディレクターとして立てないとわかった時点で、プロジェクトの体制として破綻したということに気付くべきだっただろう。

デザイナーの人選が悪い

やろうとしていることやその組織の文化と、起用する外部デザイナーが合っているか？ということは見過ごされがちだが重要なことである。制作会社のなかのデザイナーであれば、キャラクターが合わなければ制作会社内で他のデザイナーが

担当すれば解決する問題だ。しかしフリーや個人事務所のような形で売り出しているデザイナーは、自分の個性を売りとしている側面が強く、その案件に合っているかということが重要になってくる。

コラム「デザイナーのタイプ」（53ページ）でデザイナーのタイプを紹介したが、案件とデザイナーがマッチするかを見極めることは、アートディレクションの重要なタスクとなる。このケースのように発注者で期せずしてアートディレクションをすることになる際は注意が必要なのである。

Chapter 2

Section 11

Case Study

3案つくる意味

「2-2 依頼背景の共有」で示した制作者と発注者の意識の違いや、次章の「3-3 ビジュアルサンプルの作成」の内容を踏まえて、複数案のデザインを作るの際の注意点をケーススタディで学んでいく。

登場人物

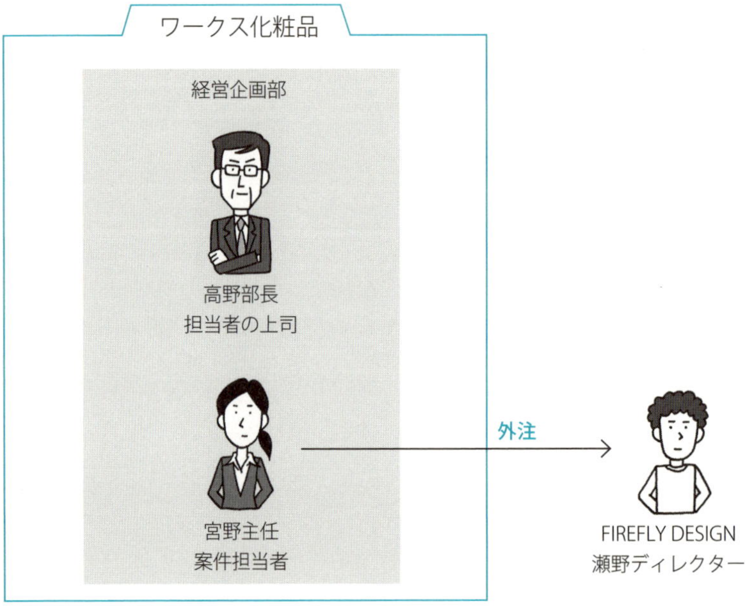
ワークス化粧品
経営企画部
高野部長
担当者の上司
宮野主任
案件担当者
外注
FIREFLY DESIGN
瀬野ディレクター

▶このプロジェクトの教訓

ビジュアルデザインを検討するために複数案作ることは多いだろう。しかしぼんやりとしたオーダーによる複数案作成は時間の浪費となりがちだ。コンセプトを具体化し、方向性を絞り込むためには、制作者に対してどのような伝え方、進め方をすれば良い結果に繋がるのか？ ということを考えなら読み進めていただきたい。

Case Study

Story【ストーリー】

3案から絞り込む決定プロセス

ワークス化粧品のWebサイトの　リニューアルプロジェクトは、当初トップページのみのリニューアルからスタートした。しかし、ユーザービリティの向上を目指すことになり、要件が膨らんだ結果、コーポレートサイト全体をリニューアルするということになった経緯がある。全体のリニューアルということでさまざまな関係者にヒアリングを行ったところ、さまざまな要望が噴出し膨らむ要件がまとまらなかったため、外部の制作者を迎え、調査・要件定義を進めるという形を取っていた。

要件定義の際、ユーザビリティ向上と同時に、同時期に発表された中期計画「ワークスビジョン2015」の中で謳われている、全社コミュニケーションスローガン「MAKE IT BEAUTY」をデザインに取り入れたデザインとすることになった。要件定義の際に、デザイン決定については次のような目標が立てられた。

- 調査結果に顕れたユーザーニーズを満たし、かつコミュニケーションスローガン「MAKE IT BEAUTY」を体現するデザインとする
- ユーザニーズ重視とスローガン重視の振り幅で3案デザインを作り、ユーザービリティ分析とイメージ調査を行った上で、1案に絞る
- 決定案のユーザービリティ分析と、イメージ調査のネガティブ面などの最終調整を経てブラッシュアップを行う

要件定義後、社内協議や予算調整の結果、デザイン及び実制作業務はコスト面からコンペとなり、調査・要件定義を行った制作者とは別のFIREFLY DESIGN社に制作を依頼をすることが決定した。

「3案作る」デザイン依頼

コンペでの制作会社の決定後、経営企画部 宮野主任、FIREFLY DESIGN瀬野の間で早速キックオフとなる打ち合せが開催された。

宮野主任

コンペの際にもお伝えした通り、最初に違う方向性で3案ほどデザインを作成し、それらのユーザービリティ分析とイメージ調査を行い1案に絞り込んでいくというプロセスでデザインを進めようと考えています。トップページの情報設計は既にできていますので、掲載すべき情報などはそれを参考にしてデザインを検討していただけますか？

バリエーションを作ってベストなものを選定するというプロセスですよね。そういう相談はよくありますので問題ありません

瀬野ディレクター

その後宮野主任と瀬野は、要件定義の際の調査の結果や中期計画「ワークスビジョン 2015」の共有と、スケジュールのすりあわせを行い、キックオフは無事終了した。

☛ 焦点のずれたデザインプレゼンテーション

2 週間後、初回のトップページデザインのプレゼンテーションが開催された。3 案のビジュアルデザインは、色やアイコンなど細かい装飾が違うが、どれもほぼ同じレイアウトのものだった。

レイアウトは、いただいた情報設計書をもとにしています。MAKE IT BEAUTY というスローガンをどう表現するかで 3 つほど方向性の違うものをお持ちしました。弊社のオススメとしては――（デザイン案を示しながら…）

瀬野ディレクター

経営企画部 高野部長は、瀬野の説明をさえぎるように強い口調で言った。

高野部長

こんな 3 案ではまったく話にならない。情報設計書はあくまでユーザビリティ向上のために必要な要素を洗い出したものなのだから、レイアウトは考え直してもらわないと。天宮主任、何のために 3 案作るのかきちんと伝えたのか？これではダメだよ！

高野部長の怒声に場が静まり返った。ところが、瀬野は外部デザイナーとしてプロジェクトに途中から加わったので調査・要件定義に関わっておらず、なぜ 3 案作るのかの意図も聞いていなかった。後日、高野部長が仕切る形で話し合いを行った結果、次のような 2 段階のステップで再度デザインを検討することにした。

1. ビジュアルコンセプトを作成し、「MAKE IT BEAUTY」の表現はその過程でトーン＆マナーとしてどう表現するか、色やフォントなどの要素を絞り込む。
2. ユーザービリティに影響するレイアウトやパーツの目立たせ方について、オーソドックスなもの、ユーザーニーズにフォーカスした斬新なもの、現状のものをブラッシュアップしたもの、の 3 案を制作する。

ビジュアルコンセプトの作成

ビジュアルコンセプト作成は、まず「MAKE IT BEAUTY」をどう捉えるかをチームで検討・共有し、キーワードに落とし込むということから着手した。

その結果「繊細な、しなやかな、上品な、みずみずしい、生き生きした、女らしい」というキーワードが抽出された。キーワードに従い瀬野がキーカラー、ムードボード、フォント、トーン＆マナーの作成を行い、高野部長と宮野主任で検討を行いビジュアルコンセプトが完成した。

1. クリエイティブコンセプト

MAKE IT BEAUTY

■ビジュアルコンセプト
・繊細な、しなやかな、上品な、みずみずしい、生き生きした、女らしい表現とする。
・ユーザビリティの方向性により3案を作成
「オーソドックス」「ユーザーニーズフォーカス」「現状ブラッシュアップ」

■トーン&マナー
トーン：
女性が持つ上品でみずみずしい美さを繊細なタッチで表現する。洗練された美しさを演出。
マナー：
リラックス感や家庭的などナチュラルな表現や、ゴージャスやクラシカルなどの重い表現はNG。

・メインカラー
繊細な、しなやかな、上品な、みずみずしい、生き生きした、女らしい
＋
・アクセントカラー
透明感

■書体
・「女性らしさ」を体現する「ゴシック体・サンセリフ体によりすべてを構成します。
・より強調したいメッセージ、スローガン等には、ウエイト(太さ)やサイズ、書体のバリエーションを用いることにより、メリハリのあるデザインレイアウトを実現します。

新ゴシック (新ゴL,R,M,B,H,U)
あア安
あいうえおかきくけこさしすせそ
私たちはKDDIエボルバです。

ゴシックMB101(proL,R,M,B,H,U)
あア安
あいうえおかきくけこさしすせそ
私たちはKDDIエボルバです。

Helvetica Neue (57Condensed, 55Roman, 53Extended)
Typogr
ABCDEFGHIJKLMNOPQRSTUVWXYZ
abcdefghijklmnopqrstuvwxyz0123456789

トーン	女性が持つ上品でみずみずしい美さを繊細なタッチで表現する。洗練された美しさを演出。
マナー	リラックス感や家庭的などナチュラルな表現や、ゴージャスやクラシカルなどの重い表現はNG。

☛ 意図が反映された 3 案の完成

2 回目のデザイン作成は、ビジュアルコンセプトで決定したトーン＆マナーに従い、ユーザービリティに影響するレイアウトやパーツの目立たせ方を「オーソドックスなもの」、「ユーザーニーズにフォーカスした斬新なもの」、「現状のものをブラッシュアップしたもの」の 3 つ方向性で作成を行った。

「オーソドックスなもの」は、競合や似た業界の各社サイトを分析し、オーソドックスなレイアウトパターンとしたもの。「ユーザーニーズにフォーカスした斬新なもの」は、ユーザー調査でわかったニーズをポイント化し、各要素に点数をつけ上位のものからを面積を広く取ったり、目につくエリアに配置をするという形でレイアウトを実現した。「現状のものをブラッシュアップしたもの」は、現状のレイアウトで課題となった点をブラッシュアップする形でレイアウトを修正した。

3 案のデザインが完了し、ユーザービリティ分析とイメージ調査を行った結果、「現状のものをブラッシュアップしたもの」が一番ポイントが高く、これまで訪れていたユーザーの混乱も少ないということでことで採用された。「ユーザーニーズにフォーカスした斬新なもの」はコンセプトはよかったが、実際にデザインしてみると、PR エリアを大幅に縮小することになり、キーとなるビジュアルが小さくトップページに見えないことから不採用になった。「オーソドックスなもの」は、ブランド数が多い WKS 化粧品ではユーザビリティがあまりよくないことがわかった。

ただ「現状のものをブラッシュアップしたもの」として作ったデザイン案は、一部「ユーザーニーズにフォーカスした斬新なもの」に比べて劣る点があったため、そうした点は改修を行った。

また、作成したアイコンがイメージ調査で「ゴージャス」と感じるという結果が出たため、ビジュアルコンセプトのトーン＆マナーに従ったテイストに修正することになった。

その後、トップページの方向性を引き継ぐ形で各ページのデザインも進行し、無事リニューアルが完了したのだった。

Analytics【分析】

このケースは、ビジュアルデザインをどのようにして絞り込んで行くかを示したものだ。デザイン作成の際に「なんとなく 3 案つくる」のではなく、発注者と制作側の双方で 3 案を作る意図をまとめ、制作したものを評価したケースでもある。大規模な案件の例ではあるが、小規模な案件でも複数案のデザイン作成時にはこのケースのようにどのような複数案を作るか事前に考えることの重要性は同じだ。では、どういった点が問題だったのかポイントごとに見ていこう。

3 案を作る意図が制作側に伝わっているか

最初にデザインを 3 案作成する依頼をした際に、天宮主任に 3 案の方向性のイメージがなく、その点について制作者との検討が行われていない点が大きな問題である。複数案のデザインを作るのは、大きな方向性を決めるための手段である。どのような軸と幅で複数案を作り、比較しようとしてるのか、ということを発注者と制作側が双方で共有していることが重要となる。

このケースでは、「MAKE IT BEAUTY」というコミュニケーションスローガンをどのように表現するか？、どのようにユーザービリティの優れたレイアウトやパーツの目立たせ方をするか？という、大きく決定すべき事項が 2 点ある。

制作者の瀬野氏は「MAKE IT BEAUTY」というコミュニケーションスローガンの表現方法を 3 案提案しただけであり、ユーザビリティについてまったく方向性を変えていない。これは天宮主任が 3 案作る意図を正しく伝えられていないことが原因である。

デザインの初回提出時や、ラフの確認時などは、大きな方向性の確認が重要なポイントである。この際に、検討すべき内容がデザイン案に組み込まれていなかったり、色や質感が微妙に違う複数案が出てきた場合には、複数案を作る意図が制作者に正しく伝わっていない可能性がある。

デザイナーの思考

このケースでは制作者側のデザイナーは出てこないが、デザイナーはこのような意図が明確ではない複数案の制作を嫌う。ビジュアルデザインの作成は「なんとなくの閃き」で作られることは稀で、何を表現すべきかを考え、盛り込まなければいけない要素や文言、NG 表現などの制約事項を織り込みながら、ベストな表現を探り、試行錯誤する作業だからである。

パーツの表現やアイコンなど、ひと通り作って画面に配置をしてみたところで、それが表現にそぐわないということに気付いた場合、また最初から考えて作り直すことになる。1 つの表現を試してみるのにも、それなりの時間を要するのである。なんとなく複数案作ることは、当てずっぽうに打つ矢のように時間の無駄になる可能性が高い。そのためにぼんやりとした複数案オーダーは、デザイナーのモチベーションを下げることとなる。

デザイナーの力を発揮させるには、このケースの後半にあるように、複数案作るのであればそれぞれ何をやりたいのかを明確にすることが非常に重要だ。

☛ デザインを段階的に絞り込んでいく

このケースを要約すると次のようなステップでデザインを絞り込んでいる。

- 「MAKE IT BEAUTY」の表現の絞り込み（ビジュアルコンセプトの作成）
- トーン＆マナーの決定
- ユーザービリティの優れたデザインの絞り込み（3 案のデザイン）
- 細かいトーン＆マナーや、要素の強弱つけ方の微調整

ビジュアルデザイン作成のプロセスは、多くの場合デザインの専門家が行うブラックボックスの中のプロセスと思われがちだが、そのほとんどが「3-2 ビジュアルコンセプトの作成」で示すように、ロジカルに展開できるプロセスである。実際にキーワードを抽出したり、キーカラーを決めたりという行為は経験を要するため簡単にできることではないが、こうしたロジカルなプロセスにより、デザインは徐々に方向性が絞り込まれ、抽象から具象へと形作られることは知っておくべきである。

天宮主任が最初のデザインを依頼した際、デザインをユーザビリティ調査により絞り込むというプロセスは理解していたものの、どうやって 3 案を具体化していくかというプロセスはまったく描けていない。そのため、デザインの依頼のやり方も非常に抽象的なものとなっている。

- ビジュアルコンセプトコピー
- キーカラー（ビジュアルのトーン＆マナー）
- イメージのポジションマップ
- フォント、写真／イラストの方向性

実際のビジュアルデザインに入る前に、上記のビジュアルコンセプト作成を行うことは、デザインの方向性を絞り込み、ビジュアルデザインの精度を上げることに繋がる。

どの程度時間をかけ検討するかはプロジェクトの規模によるが、会議の際などに口頭レベルであってもコンセプトの解釈の仕方、トーン＆マナーの絞り込みなどのステップを簡易的にでも踏んだほうがよい結果に繋がることは言うまでもない。

Chapter 3

制作と運用

Chapter 3

Section 1

Lecture

クリエイティブコンセプトの作成

本節ではWebサイト全体のクリエイティブの方向性を定めるクリエイティブコンセプトについて解説を行う。クリエイティブコンセプトはビジュアルデザインを行うための大きな指針となるため、この工程の進め方を知っているか知らないかでは、最終成果物の質に大きく影響する。

クリエイティブコンセプトとは

本書におけるクリエイティブコンセプトとは、企業とユーザーのコミュニケーションにおいて、ユーザーに「何をどう伝え、どのような体験をし、その結果どうなって欲しいか？」という表現や体験全般に関するコンセプトと定義する。クリエイティブコンセプトは通常、Webサイトだけでなく、広告・ポスター・テレ

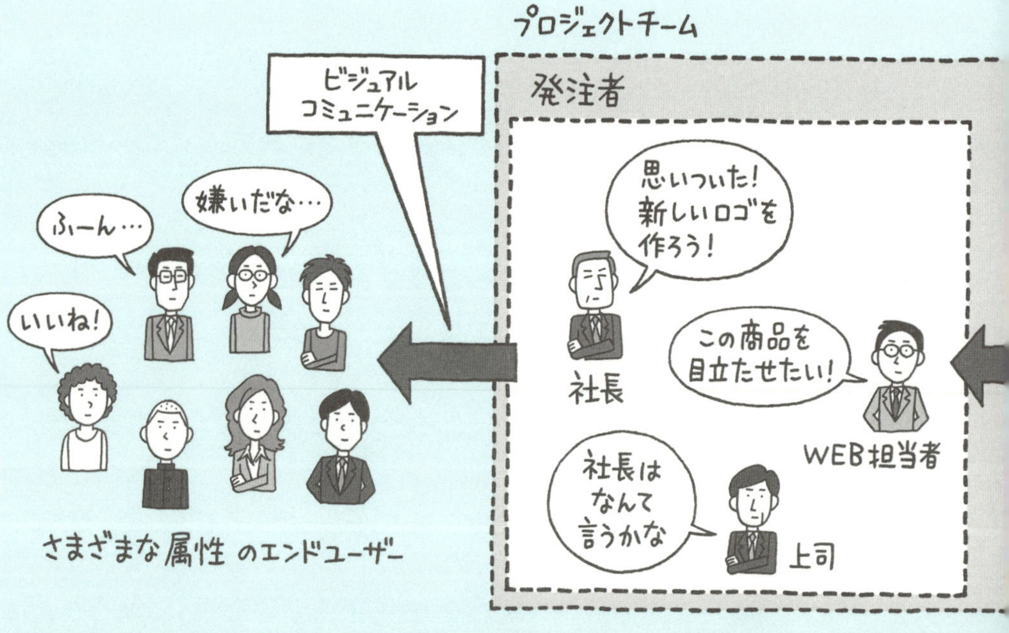

ビCMなど、さまざまな媒体全体を統括するコンセプトである。本書では、そのなかでも、特にWebサイトに関して考察していく。

Webサイトに関して考察するとはいえ、クリエイティブコンセプトが扱う範囲は、ビジュアルから動画や文章・コンテンツ・サイト構造・システム、全体のコンセプトまでに及ぶ。プロジェクトの規模が大きくないケースでは、ビジュアルコンセプトとセットで考えても問題ない。

クリエイティブコンセプト作成の意味

ビジュアルデザインの作成において注意すべき点は、当然のことだが、「ビジュアルデザインの正解は1つではない」ということだ。Webサイトやサービスを利用するユーザーはさまざまな属性で構成されており、実際にどのような反応が起きるかはわからない（図1）。ユーザーからの率直な反応は制作者にフィードバックされにくいため成果とビジュアルデザインの関わりを評価するのが難しい。

さらに言えば、ユーザーAがよしとするデザイン、ユーザーBがよしとするデザインは異なることも多い。「承認者がOKを出す範囲のデザイン」と「ユーザーが良いと思うデザイン」が異なることもしばしば発生する。

このように、 ビジュアルデザインの正解は1つだけではなく、関係者はそれぞれ自分たちの利害に従い、あるべき姿をさまざま思惑で思い描く。そのことが関

図1：ビジュアルデザインを取り巻くさまざまな関係者

ユーザーはさまざまなタイプの人で構成されており、どのような反応が起きるかわからず、 時間と共に反応も変化する。そして、ユーザーからの反応は短期的には定量的な形でプロジェクトチームにフィードバックされにくい。プロジェクトチーム全体でゴールの合意形成をする必要があるが、そのゴールは仮定でしかない。

係者のコンセンサス形成に大きな影響を与える。そのような訳で、クリエイティブコンセプトとビジュアルコンセプトよって方向性を絞り込んでいくことが有効となるのである（図2）。

ビジュアルデザインに必要なことは、ゴールとなる的を描くこと、そしてその的に正確に矢を投げることの2点である。クリエイティブコンセプトとビジュアルコンセプトの作成は、ゴールである的を描くことに他ならない。デザイナーは、示された的を狙い、矢を投げるのである。示された的に正確に矢を投げられるかどうかはデザイナーの腕次第である（図3）。

クリエイティブコンセプトの作成に発注者がどこまで関わるかは、目的や状況によって異なる。しかし、どのようなクリエイティブにするべきかというイメージを発注者がある程度固めておけば、的確なビジュアルデザインにたどり着きやすくなる。そのため発注者は、自らクリエイティブコンセプトを作れなくとも、それがどのようなものでどのように作られるのかを理解しておくことが非常に重要だ（図4）。

図2：ビジュアルデザインの正解は1つではない

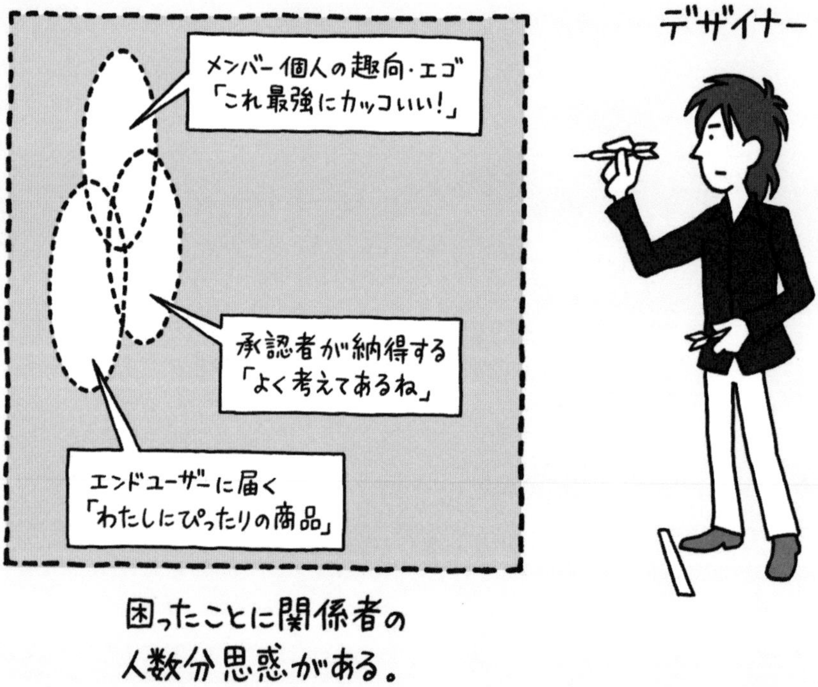
デザイナー
メンバー個人の趣向・エゴ
「これ最強にカッコいい！」
承認者が納得する
「よく考えてあるね」
エンドユーザーに届く
「わたしにぴったりの商品」
困ったことに関係者の
人数分思惑がある。

図 3：ビジュアルデザインに必要なこと

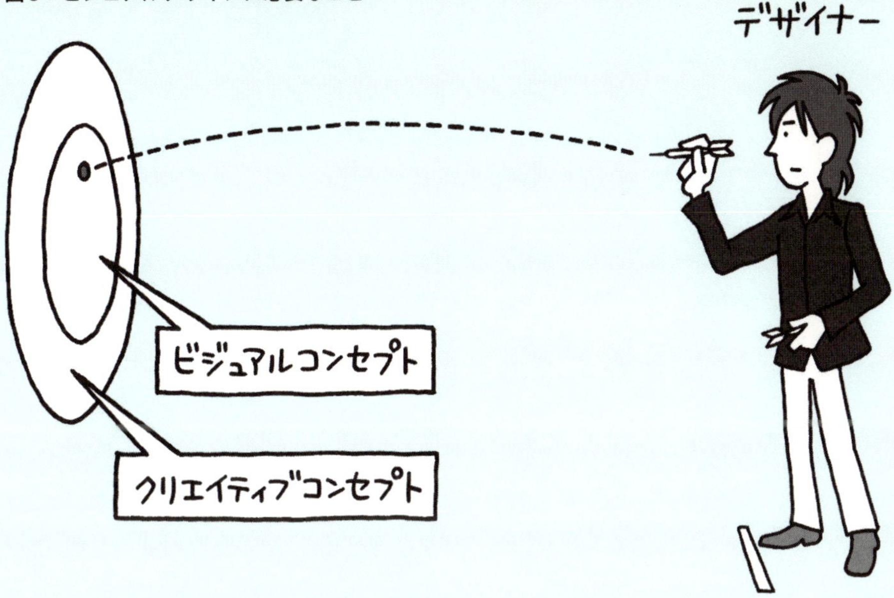
デザイナー
ビジュアルコンセプト
クリエイティブコンセプト

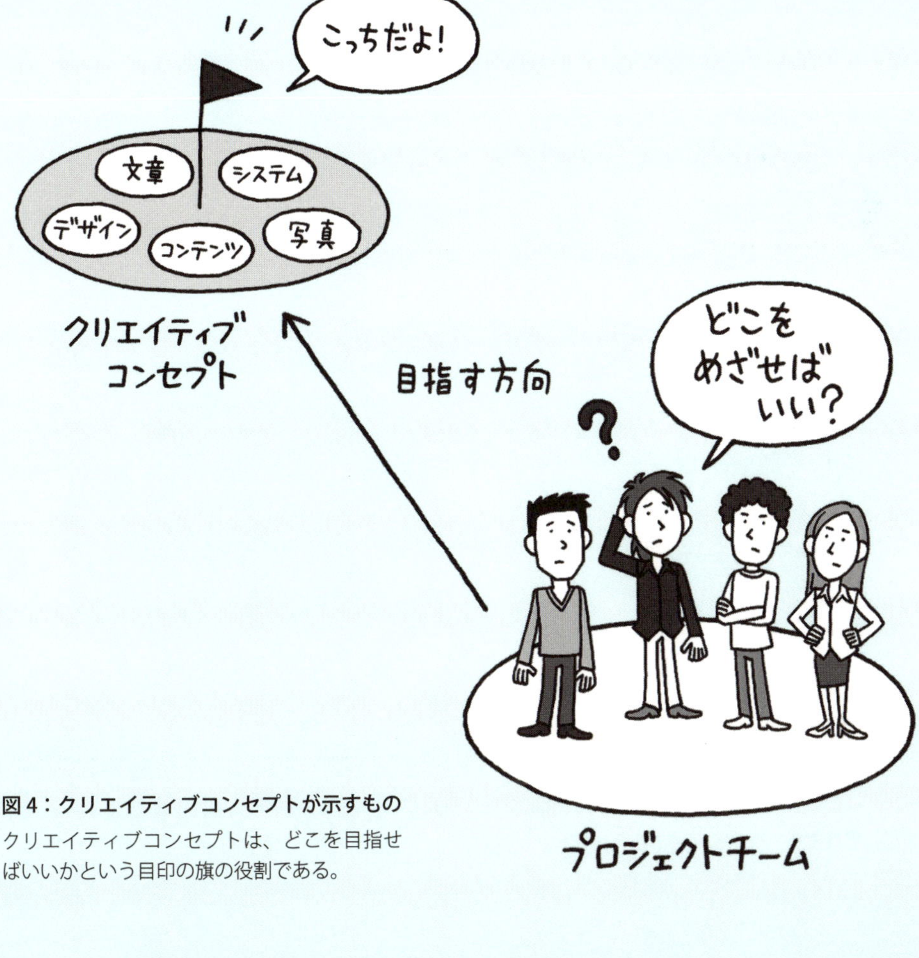
こっちだよ!
文章
システム
デザイン
コンテンツ
写真
クリエイティブコンセプト
目指す方向
どこをめざせばいい?
?
プロジェクトチーム

図 4：クリエイティブコンセプトが示すもの

クリエイティブコンセプトは、どこを目指せばいいかという目印の旗の役割である。

ポイント1：クリエイティブコンセプトとは何か？

では、クリエイティブコンセプト作成時のポイントについて解説する。

クリエイティブに関わるすべてに言えることだが、何を作り、何をよりどころに評価するかは、個人の趣味趣向が反映されやすい。クリエイティブコンセプトとは、表現や体験全般における「ユーザーに何をどう伝え、どのような体験をしてもらい、その結果どうなって欲しいか？」といったコンセプトをプロジェクト全体で価値基準として共有し、個人の基準ではなくプロジェクトの基準として判断できるようにするものである。その結果、プロジェクトの目的とクリエイティブの方向性を合致させることを意図する。

実際の制作現場では、クリエイティブコンセプトやビジュアルコンセプトが資料として準備されていないことが多々ある。しかしコンセプトを作る過程で、クリエイティブでやるべきことが明確になり、方向性のブレを事前に避けることができる（図5）。ごく簡単な形でも作っておいたほうがよい。なければ作ってしまおう。

ポイント2：クリエイティブコンセプトの作成

クリエイティブコンセプトは、次のような項目でまとめることができる。リニューアルや部分更新作業で、既存の資料にある場合は「プロジェクトの目的」から「ターゲット」までを省略しても問題ない（図6）。

図5：プロジェクトのブレをなくす判断基準

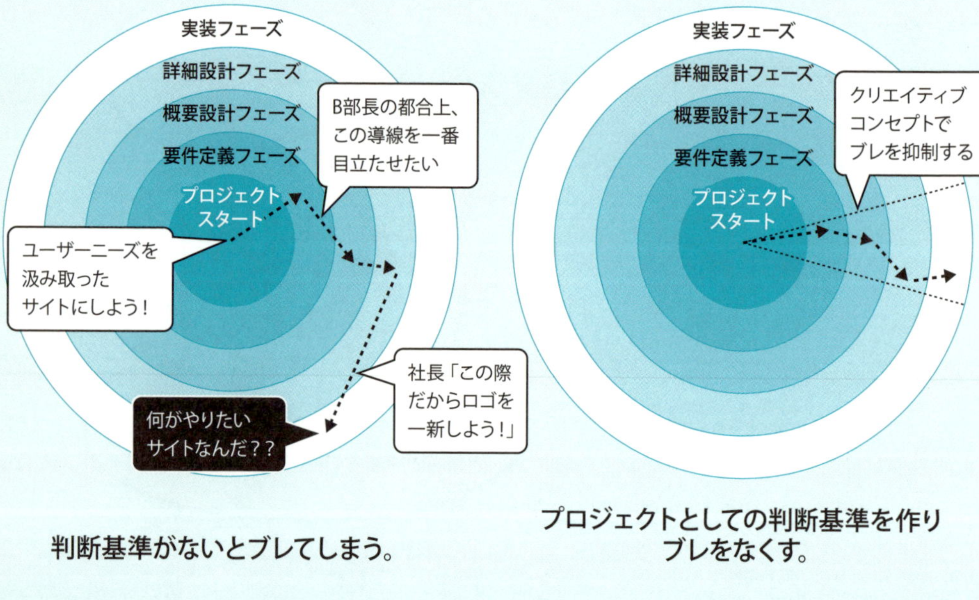
実装フェーズ
詳細設計フェーズ
概要設計フェーズ
要件定義フェーズ
プロジェクトスタート
B部長の都合上、この導線を一番目立たせたい
ユーザーニーズを汲み取ったサイトにしよう！
社長「この際だからロゴを一新しよう！」
何がやりたいサイトなんだ？？
判断基準がないとブレてしまう。
実装フェーズ
詳細設計フェーズ
概要設計フェーズ
要件定義フェーズ
プロジェクトスタート
クリエイティブコンセプトでブレを抑制する
プロジェクトとしての判断基準を作りブレをなくす。

図 6：クリエイティブコンセプト作成のステップ

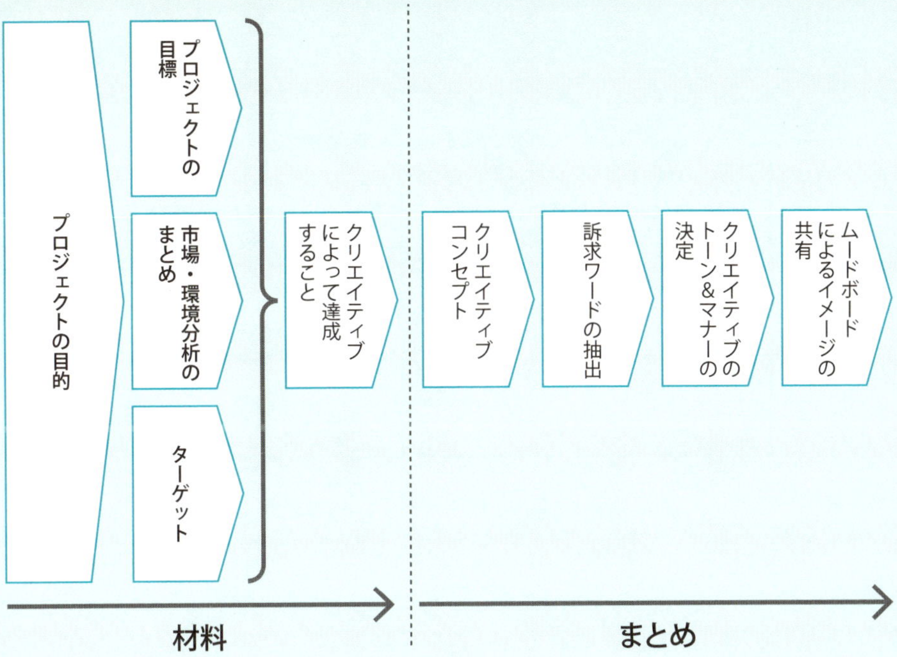
プロジェクトの目的
プロジェクトの目標
市場・環境分析のまとめ
ターゲット
クリエイティブによって達成すること
クリエイティブコンセプト
訴求ワードの抽出
クリエイティブのトーン&マナーの決定
ムードボードによるイメージの共有
材料
まとめ

クリエイティブコンセプトのドキュメント形式は、プロジェクトの内容や特性によって異なる。クリエイティブコンセプトやコピー、トーン&マナーやムードボードで構成するのが一般的だ（144 ページの図 7、146 ページの図 8）。

プロジェクトの目的

プロジェクトにおいて実現しようと目指している事柄をまとめる。下記のような形で記述する。あくまで、方向性として簡潔な内容でよい。

「後追い」から「先乗り」への転換
「『○○らしさ』を感じさせる Web サイト」
「興味がわき好感が持てる企業であることが伝わる Web サイト」
「カレーを作りたい人が、自然とインドカレーを作りたくなる Web サイト」

プロジェクトの目標

目的と目標とあえて分けるのは、目的はビジョンに近く目指している事柄を定性的に記述するのに対して、目標は定量的に測定可能な形でプロジェクトのゴールを示すためである。下記のような内容だ。

「半年後の市場調査で機能認知率を○○ % に引き上げる」
「サイト経由で月間売上げ○○万円を達成」
「ブランドイメージと Web サイトから受けるイメージの乖離をなくす」

図7：クリエイティブコンセプトの例

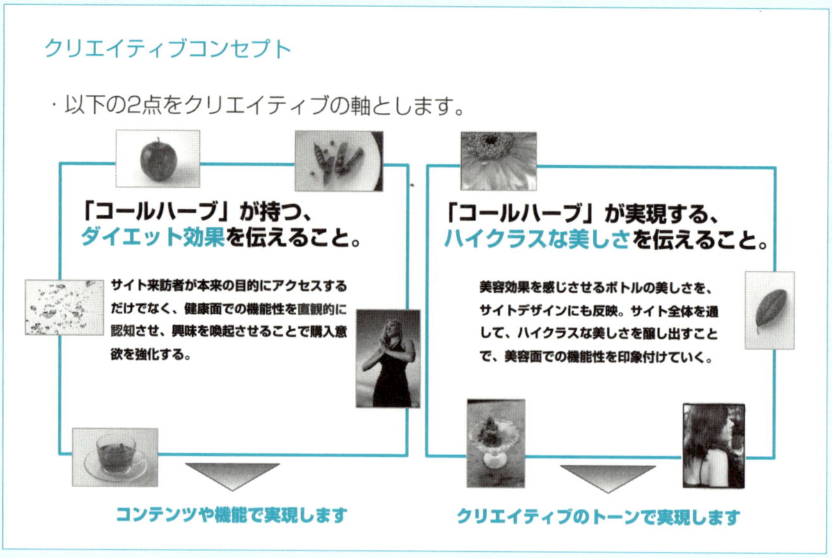
クリエイティブコンセプト
・以下の2点をクリエイティブの軸とします。
「コールハーブ」が持つ、ダイエット効果を伝えること。
サイト来訪者が本来の目的にアクセスするだけでなく、健康面での機能性を直観的に認知させ、興味を喚起させることで購入意欲を強化する。
コンテンツや機能で実現します
「コールハーブ」が実現する、ハイクラスな美しさを伝えること。
美容効果を感じさせるボトルの美しさを、サイトデザインにも反映。サイト全体を通して、ハイクラスな美しさを醸し出すことで、美容面での機能性を印象付けていく。
クリエイティブのトーンで実現します

クリエイティブコンセプト

心地よい住空間を伝える「家族のぬくもり」

■デザインのポイント
- **家族が集う場所、ぬくもり感を演出するトーン&マナー**
- **ブランドイメージの統一感（米国サイトとの親和性）**
- **中高年を含む幅広い利用者を対象とした視認性の高いテキストレイアウト**

主に上記の3つのポイントに注力します。

未来に、一番乗りしよう

後追いから先乗りへ。
これまでのワークスは、がむしゃらに追いつくために走ってきた。
追い越すために、No1になるために。

でもそれがいつか先行者を「ただ追うこと」に
なってしまってはいないだろうか？

僕らはもっと僕らにしかできないことをやろう。
僕らが目指す未来へ一番乗りしよう。

市場・環境分析のまとめ

プロジェクトを取り巻く内部（自社）、外部の経営環境（マクロ環境、顧客、競合等）の分析で、プロジェクトの開始前、もしくはプロジェクト前半で行う。まとめるボリュームはプロジェクト規模によるが、企業の有価証券報告書や年次報告書などに書かれているマクロ環境、顧客動向のまとめ、競合サイト分析、自社サイト・製品分析などを参考にするとよい。

ターゲット

Web サイトのターゲットとなるユーザー像である。職業・年齢・性別などのデモグラフィックス情報や、どのようなニーズを持ったユーザーに向けたサイトなのか？　というニーズ視点でまとめる。

マーケティング活動のなかで既にターゲティングが完了している場合には、それを流用する。また、ターゲットユーザーの行動様式やその背後にある価値観、メンタルモデルなどを文章化した「ペルソナ」がすでに作られている場合は、それを活用する。

クリエイティブによって達成すること

プロジェクトの目的をブレイクダウンし、プロジェクトの目的達成のためにクリエイティブがどう貢献するかをまとめる。（「1-4 ビジュアルデザインの目的の明確化」42 ページ ビジュアルデザインのミッションステートメントを参照）。クリエイティブによってターゲットに対してどのような印象を与えたいのか、何を伝えて、ユーザーにどうして欲しいのか？　をまとめる。

例えば次のようなものである。

「○○というブランドを覚えてもらいたい」
「美容とダイエットに効果があるミネラルウォーターであることを伝えたい」
「個人投資家に安定している透明性の高い組織だと思われたい」

クリエイティブコンセプト・訴求ワードの抽出

ここまでにまとめたことを踏まえ、クリエイティブの方向性を決定付けるものとして、クリエイティブコンセプトをまとめる。プロジェクトに関わるすべての制作物が、ここで設定した内容に従って作成される。また制作物がコンセプトからズレていないかという評価指標としても使われる。

クリエイティブコンセプトを補足しブレないものにするために、コンセプトに包含される雰囲気、態度、調子などを訴求ワードとして抽出し、コンセプトを構成する。現在のイメージと今後のイメージ、競合のイメージと自社のイメージ等を比較して、どちらの方向で訴求をより強めるべきなのかを検討することによって、方向性がより明確になる。

図 8：ムードボードの例

ムードボードを作ればより具体的な形になるので、早い段階から関係者の認識をそろえやすくなる。

「Natural & Beauty」写真クレジット = discpicture/Shutterstock.com, Subbotina Anna/Shutterstock.com, kuleczka/Shutterstock.com, Atiketta Sangasaeng/Shutterstock.com

- 「心地よい住空間を伝える『家族のぬくもり』」
- 「ハイクラス感を持った美しさ『ヨガビューティー&ナチュラルウォーター』」
- 「『Formal is Romantic』ホテルのブライダルのクリエイティブコンセプト」

クリエイティブのトーン&マナーの決定

トーン&マナーとは、クリエイティブ全般からかもし出される雰囲気や調子など、感性的コミュニケーションにおける表現基調のことを指す。トーン&マナーはクリエイティブコンセプトを「クリエイティブの方向性、まとうべき雰囲気、扱いに関するルール」にブレイクダウンしたものとも言える。

ここで決めたトーン&マナーに従って、ビジュアル面であればキーカラーやフォントを定めたり、写真を利用するのかイラストによる表現を使うのかを決めたり、文章面であればどのような論調や文体にするかをブレイクダウンしていく。

下記のような内容だ。

トーン	親しみ感を演出し、幅広い層が気軽に利用したくなるような雰囲気。「心地のよさ、くつろいだ、やさしさ」と「親しみ感」を演出。
マナー	アバンギャルドな表現やエッジの尖った表現は控える。安っぽい親しみ感は避け、上質なくつろぎと安心感の表現とする。

ムードボードによるイメージの共有

クリエイティブコンセプトの中で抽出した訴求ワードは概念的なものになるため、関係者間でトーンを共有する際に誤解が生じる可能性が高い。それを防ぐため、コンセプトワークの中で見えてきた言語化されない表現の方向性や印象のニュアンス、イメージの雰囲気をアウトプットしたものがムードボードである（図 8）。

ムードボードを作ることは、抽象的な概念だった訴求ワードやトーン＆マナーについて具体的な表現の方向性・アイデアを検討することである。関係者で認識のズレがないかどうかムードボードを元に確認して修正すれば、その後のアウトプットの大きなズレを防ぐことができる。

ポイント 3：発注者が作る場合の注意点

発注者がクリエイティブコンセプトをまとめる場合は、以下の点に注意して作るとよいだろう。

プロジェクトの目的

プロジェクトの目的、数値や指標となる目標をまとめる。目的はなるべくシンプルな一文とし、補足として 3 〜 5 項目程度で目的の構成要素をブレイクダウンする。

市場・環境環境分析のまとめ

業界で競合となっている企業を 3 〜 5 社程度、Web サイトのキャプチャや競合企業の代表的な製品写真を添付すれば、競合の状況をより可視化できる。

ターゲット

どのような趣味趣向やニーズを持った人に向けた Web サイトにしようとしているのかを 5 項目程度でまとめる。「○○がある人」「○○している人」という形で考えてみるとよい。ターゲットのイメージをより鮮明にするために、画像検索などでイメージに近い人を探して貼り付けるのも有効な手段である。

クリエイティブによって達成すること

10 項目以内で「○○を伝えたい」「○○な気持ちにさせたい」「○○したくなる

ようにしたい」など、クリエイティブを通じて「どうさせたいのか？」と考えるとよいだろう。

クリエイティブコンセプト

世界観をなるべく 1 行で収まる 1 文としてまとめる。ドキュメントと対峙して考えるより、プロジェクトについて誰かに説明してみたり、子供に説明するつもりで考えてみるとよい。

訴求ワードの抽出

「カジュアルな」、「都会的な」、「エレガントな」など、「訴求ワードの一覧」から、訴求要素を単語レベルで 3 ～ 10 ワード程度抽出する（図 10）。

クリエイティブのトーン＆マナーの決定

「トーン」は、クリエイティブコンセプトをより詳しく解説するとどう言えるか？　どのような雰囲気や調子なのかという観点で膨らませてみるとよい。「マナー」は、トーンを守るためにどのような表現を避けるべきなのか？　という NG 表現について考えてみるとスムーズに言語化できる。守るべきこと、明らかに避けるべきこと、似ているが NG なことを特に意識するとよい。

ムードボードによるイメージの共有

画像検索やレンタルポジ、雑誌などからイメージに合う写真を 10 点程度集める。

図 9：ムードボードによるイメージの共有

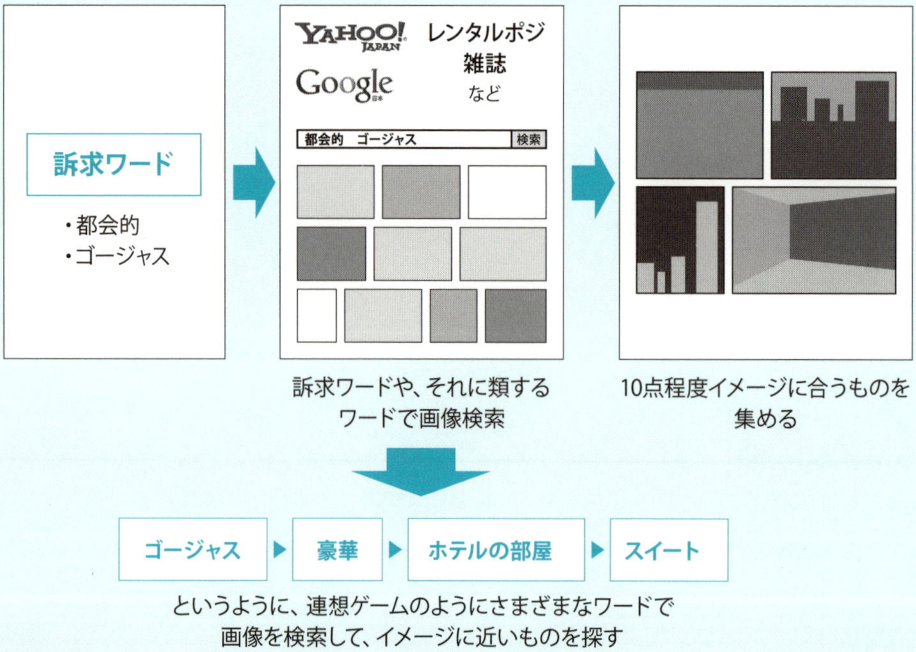
訴求ワード
・都会的
・ゴージャス
YAHOO! JAPAN
Google
レンタルポジ
雑誌
など
都会的　ゴージャス
検索
訴求ワードや、それに類するワードで画像検索
10点程度イメージに合うものを集める
ゴージャス
豪華
ホテルの部屋
スイート
というように、連想ゲームのようにさまざまなワードで画像を検索して、イメージに近いものを探す

図 10：訴求ワードの抽出

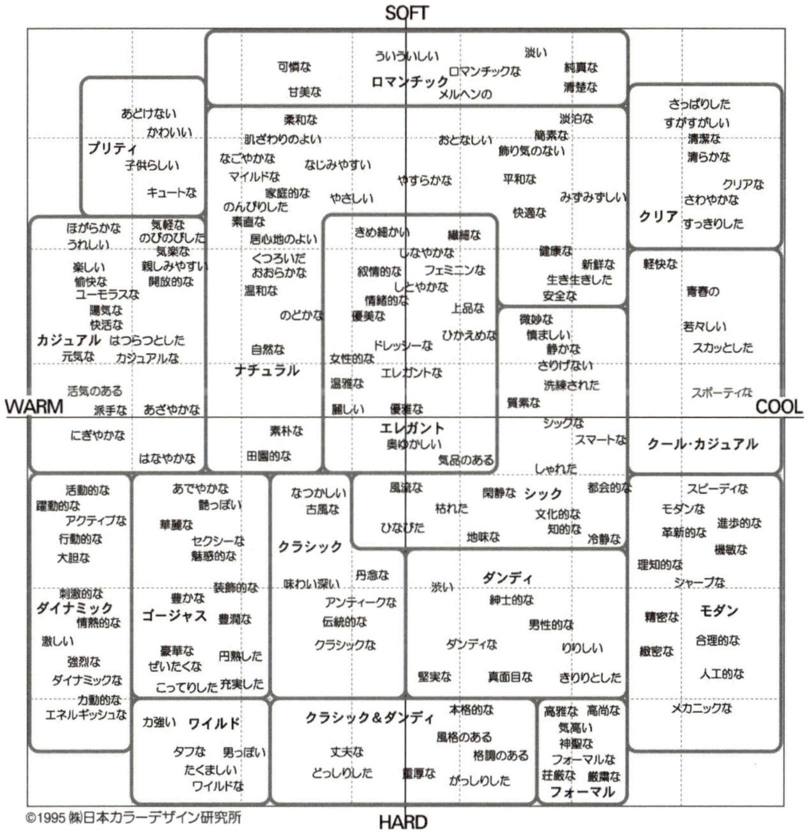

© (株) 日本カラーデザイン研究所

写真を選ぶことにより自分自身がどのような雰囲気・トーンをよいと思っているか、というジャッジメントの視点を確認にすることにも繋がる。

POINT

- クリエイティブコンセプトは、「何をどう伝え、どのような体験をし、その結果どうなって欲しいか」を表したもの
- プロジェクトの判断基準としてクリエイティブコンセプトを作る
- クリエイティブコンセプトを作る過程で関係者の認識のズレをなくす

Chapter 3

Section 2

Lecture

ビジュアルコンセプトの作成

前節ではWebサイトのクリエイティブ全体についてのコンセプトである、クリエイティブコンセプトについて解説した。本節ではそこからさらにビジュアル領域に絞って、より詳細化したビジュアルコンセプトについて解説する。

クリエイティブコンセプトとビジュアルコンセプトの違い

抽象的な要件だけでいきなりデザインを始めることは、暗闇の中で、ルールが与えられないまま、あてずっぽうに投げるダーツと似たようなものだ。

暗闇では、矢を投げる方向がわからない。ルールが示されていなければ、的の方向がわかったとしても、どこを狙えばいいのかわからない。この状態でダーツをしたとして、はたして高得点を狙うことができるだろうか？　マネジメントの観点からすると、この賭けはあまりにも確率が低い（図1）。

図1：抽象的な要件の問題

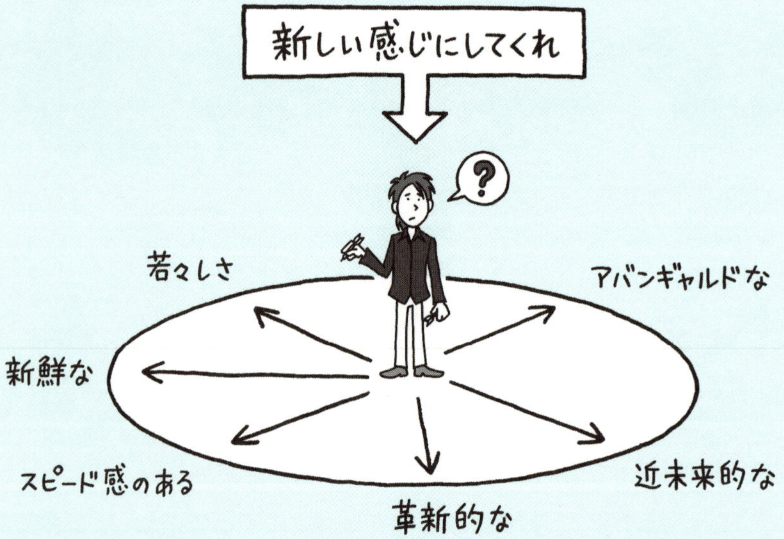

「新しい感じ」といっても色々なバリエーションがある。どこに投げればいいのかわからない。

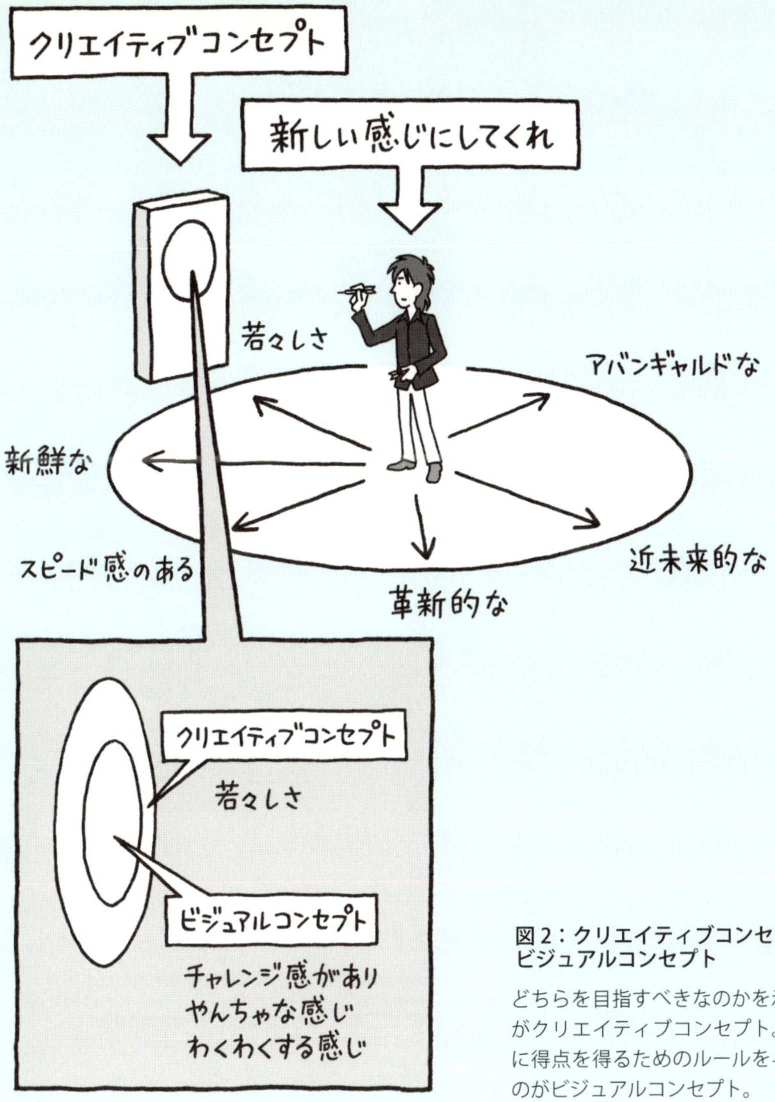

図 2：クリエイティブコンセプトとビジュアルコンセプト

どちらを目指すべきなのかを示すのがクリエイティブコンセプト。さらに得点を得るためのルールを与えるのがビジュアルコンセプト。

どの方角に投げるかを示すことは、クリエイティブコンセプトに近い。参加しているゲームのルールから、的のどのあたりを狙うべきかをより具体的に示すことがビジュアルコンセプトと捉えるとわかりやすい（図 2）。

通常、発注者がビジュアルコンセプトを作成することは少ない。しかし、クリエイティブコンセプトと同様に、これらの手法を発注者が知っていれば、ビジュアル作成を適切に導き、アウトプットの質を高めることができる。

またビジュアルに対してある程度イメージが明確な場合には、簡単でもコンセプト作成のプロセスをなぞることで、ぼんやりとしか捉えられていなかった点がハッキリし、デザイナーとより深いレベルのやり取りができるようになる。

では、ビジュアルコンセプト作成時のポイントについて解説する。

ポイント 1：ビジュアルコンセプトとは何か？

ビジュアルコンセプトとは、ビジュアル作成の元となるコンセプトである。クリエイティブコンセプトとして煮詰めたサイト構造・情報設計・コンテンツ・システム・デザインなどクリエイティブ全般に関わる内容を、ビジュアル面のみに絞って検討する。どのように表現するかをより具体的に、重視するポイントや表現上のルールなどにブレイクダウンするのである。ビジュアルコンセプトだけでは抽象的な概念となってしまうため、通常ビジュアルと同時に提出される。

デザイナーはクリエイティブコンセプトとビジュアルコンセプトを元にビジュアルデザインを行い、発注者や制作者におけるアートディレクターはデザイン成果物の是非をクリエイティブコンセプトとビジュアルコンセプトを元に判断する。これにより全員が同じ方向を向き、同じ的を狙って作業を進めることができる(図 3)。

ビジュアルコンセプトは、、ただ単にクリエイティブコンセプトを分解すればよいものものではなく、通常は方向性がいくつか考えられる。例えば「夏」を表現するビジュアルの方向性として、「道路からの照り返しが強い日中のうだるよう

図 3：ビジュアルデザインとコンセプト

クリエイティブコンセプトとビジュアルコンセプト、ビジュアルサンプルを 1 枚にまとめたもの。1 枚のシートにまとめることで全員が同じ方向に向かって作業を進められる。

な暑さ」の表現と、「青い海、青い空、白い砂」の表現では、同じ夏の表現でもまったく異なる。そして、どちらが適切か一概には言えない。複数のビジュアルコンセプトを作った時点でどれがいいか判断できることもあれば、複数のビジュアルコンセプトを元に、複数のビジュアルを作成して初めて判断ができる場合もある。

しかし、デザイン案を複数作りたいことのみが先行しているような場合、複数案のそれぞれが何を目指そうとしているかをビジュアルコンセプトで検討しておかないと、微妙な違いしか出なかったり、意味のない案が作られてしまう可能性がある。2つのコンセプトの違いをビジュアルにした場合にどう表現が変わり、どちらが適切かを確認するために複数案を検討するのは有用な方法論だが、なんとなく複数案作って決めるというのは無駄な作業になりがちである。

ポイント2：ビジュアルコンセプトの構成要素

ビジュアルコンセプトは、以下の構成要素からなるドキュメントとしてまとめることができる。まとめるボリュームは、プロジェクトの規模やコンセプト作成にかけることができる時間による。

ビジュアルコンセプト

ビジュアルコンセプトは、サイト全体のビジュアルで表現する世界観を訴求ワードで構成し、1〜3文のコピーにまとめたものだ。クリエイティブコンセプトと似通ってしまう場合もあるが、クリエイティブコンセプト（情報設計やコンテンツ、システム設計指針でやるべきこと）とビジュアルデザインでやるべきことが分かれる場合は、ビジュアルでやろうとしていることをまとめておく。

「○○の持っている『上質な雰囲気』を醸し出すこと」
「対面販売のもつ安心感、信頼感、誠実さを表現する」
「新しい価値を生み出す成長性を表現する」

キーカラー（ビジュアルのトーン＆マナー）

ロゴカラーやブランドのガイドラインとクリエイティブコンセプトで示されたトーン＆マナーや訴求ワードを元に、言語イメージスケール、配色イメージスケール等を使い、Webサイトのメインカラーやアクセントカラーを絞り込む（154ページ、図4）。

ビジュアルデザインを何案か作成する際は、これらの言語・配色イメージスケールを使い、基本となる案と、基本案からどの程度どちらの方向性に振れ幅を持つかを考えると検討しやすい。例えばカレー店のWebサイトを作る際に「エネルギッシュ」トーンを基本案とし、サブの案として「にぎやかな」トーンの案を持

図4：キーカラーの抽出

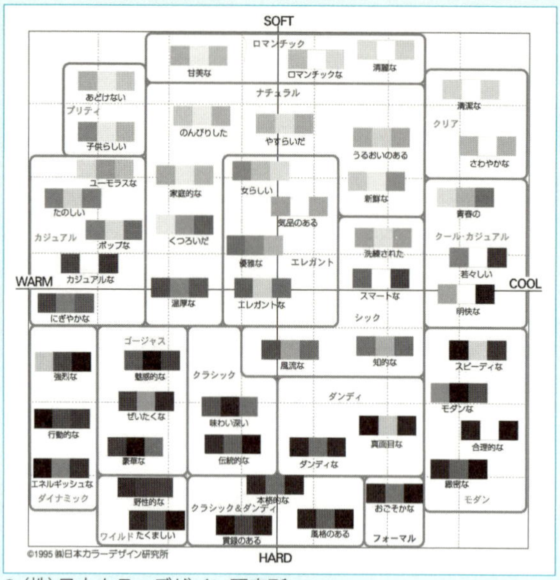

© (株) 日本カラーデザイン研究所

配色イメージスケールは、訴求ワードをもとにキーカラーを検討するのに役立つ。ムードボードからカラー抽出をして、配色イメージスケールで調整するという方法もある。

ってくるなどだ。この場合カラーだけでなく、デザイン面全体やイラストや写真、フォントについても同じトーンでまとめることになる。

イメージのポジションマップ

競合サイトがある場合や、イメージのニュアンスを検討する必要がある場合には、ポジションマップを使ってポジショニングを明確にするとよい。イメージを一新したいケースでは、これまでの路線に近いデザインと、今までと対極のデザインのWebサイトを探してマッピングし、どの程度のレベル感で変えるかを検討する。

また競合サイトとデザインやカラーが重複してはいけないという要件がある場合は、配色イメージスケール上に競合サイトを配置していき、方向性を考えるとよい（図5）。

デザインラフ

キーカラー・フォント・写真やイラストの方向性等の要素は、トップページなど大きな方向性を決めるデザインを実施しながら決めると、実際のビジュアルを確認しながら進めることができ、上手くまとまることが多い（図6）。ただし、最終的に使える品質でデザインを作りながらビジュアルコンセプトを進めるのは効率が悪いため、既存のデザインでカラーリングを変えてみたり、メインビジュアルを差し替えてみるなど、デザインラフで進めるのがよい。

フォント、写真やイラストの方向性

コンセプト、キーカラー、ポジショニングがある程度固まった時点で、Webサイトのビジュアルの中で使うフォントや、イメージとして使う素材を写真にするのかイラストにするのか、またそれらはどのテイストなのかを決めておく。写真やイラストを検討する際には、競合他社サイトで同じイラストレーターが使われていないか、利用しようとしている写真がレンタルポジ等でないか、同じモデルが出ていないかもチェックする。

図 5：イメージのポジションマップ

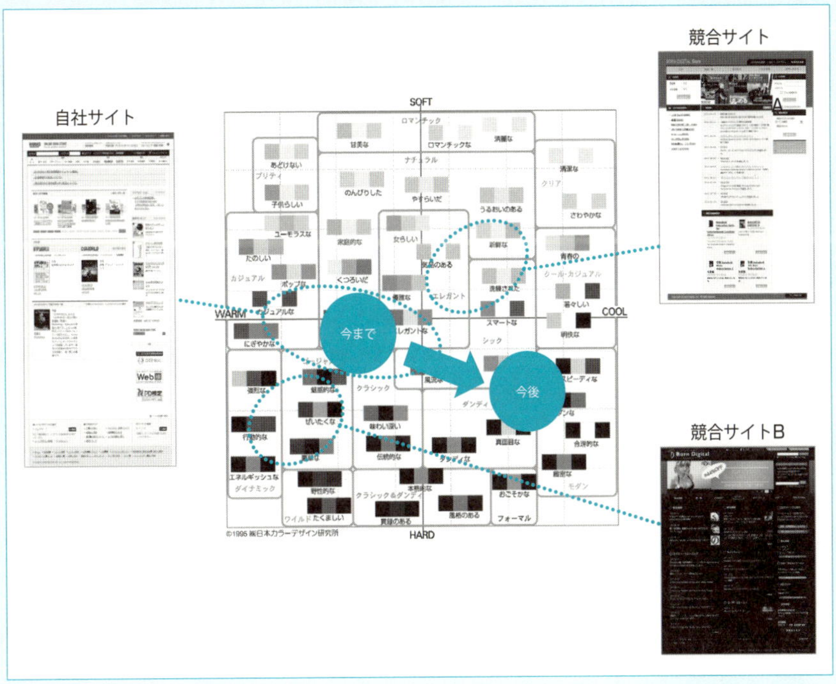

図 6：デザインラフの例

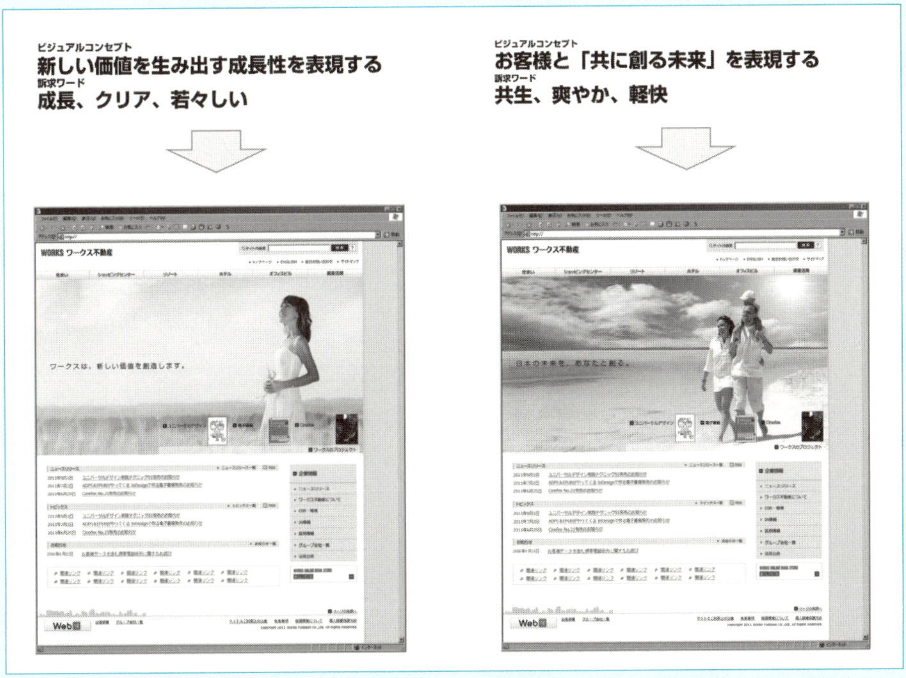

訴求ワードごとに、どのようなビジュアルの方向性になるか確認できるようラフデザインを行う。

写真クレジット／ Andrey Yurlov/Shutterstock.com, Dudarev Mikhail/Shutterstock.com

ポイント3：発注者が作る場合の注意点

ビジュアルデザインは、こういう方向で作ろうと頭で考えていても、実際に形にしてみると思ったほど良くないことも多い。

経験のあるデザイナーであれば、実際に手を動かしてデザインを作らなくても、検討の段階である程度良し悪しがわかる。しかし、経験の浅いデザイナーは、実際に作ってみて検証し、その結果を受けてもう一度作り直す、という試行錯誤のプロセスを数多く踏んで最終的なアウトプットにたどり着く。つまり、事前にビジュアルコンセプトとして方向性を検討できるのは、実際にそのコンセプトでデザインをしたらどうなるか？ をある程度イメージできる、経験豊富なデザイナーやアートディレクターなのである。

経験のあるデザイナーやアートディレクターがいない場合、もしくはビジュアルコンセプトを作るスキルを持ったメンバーを制作者でアサインできない場合はどうすればよいのだろうか？

ビジュアルコンセプトは完全な形で作らなくとも、構成要素ごとの考え方や指針を発注者で大まかに絞り込んでおき、制作者はそれを受けてデザインしながらビジュアルコンセプトを詰めるやり方にすれば、共通の言語を持った作業が可能になる。その際のポイントは下記である。

ビジュアルコンセプト

雰囲気・印象をどうしたいか？ という観点で「○○の持っている○○を伝える表現とする」と考えてみるとまとめやすい。

キーカラー（ビジュアルのトーン＆マナー）

先行して配色イメージがある場合は、逆引きの形で色から訴求ワードを拾い出してみる。
訴求内容が言語イメージスケール上の複数エリアに分かれてしまう場合は、コンセプトが散漫になっている可能性が高いので、優先順位をもう一度考え直す。

イメージのポジションマップ

目指す方向とその反対のものをともに言語にして表し、その言葉が似合うWebサイトをキャプチャし配置してみれば、何を目指しているかを際立たせることができる。
繊細なニュアンスを表現する場合には、これはOKだがこれはNGというWebサイトを探し出し、グルーピングして、OK⇔NGのレベルの中で配置してみると、境界線を明確にできる。

フォント、写真やイラストの方向性

参考になるWebサイトや雑誌、広告などのフォント、写真・イラストの使い方

をムードボードのような形で集めて共有すれば、デザイナー側でも意図を汲み取りやすくなる。

POINT

- ▶ ビジュアルコンセプトは、コンセプト、キーカラー、ポジションマップ、デザインラフ、フォント・写真・イラストの方向性によって構成される
- ▶ この段階では細部にこだわらず、キーカラーや雰囲気など、大枠の検討を進める
- ▶ ビジュアルコンセプトを通じて、関係者に共通認識を作る

Chapter 3

Section 3

Lecture

ビジュアルサンプルの作成

プロジェクトの目的や目標の明確化、クリエイティブコンセプト・ビジュアルコンセプトの作成というステップで徐々に狙いを定め、やっとここで「ビジュアルサンプルの作成」という矢を投げる行為に移る。ここではビジュアルサンプルについての概要をまとめる。

コンセプトを視覚的に確認

クリエイティブコンセプトやビジュアルコンセプトの作成といったコンセプトワークで狙った的に、矢を実際に投げてみるのがビジュアルサンプルの作成だ。実際のビジュアルデザインに落とし込んでみることで、狙いが正しかったかどうかを検証する工程である。複数案のビジュアルデザインを作る場合は、ビジュアルコンセプトを変えて、どの狙いが目指す方向に一番近いかを検証する。つまり最初にビジュアルサンプルを作る時点では、微妙な違いの複数案を作る意味はない(図1)。

では、ビジュアルサンプル作成時のステップについて解説する。

図1：複数案作成時の方向性の検討

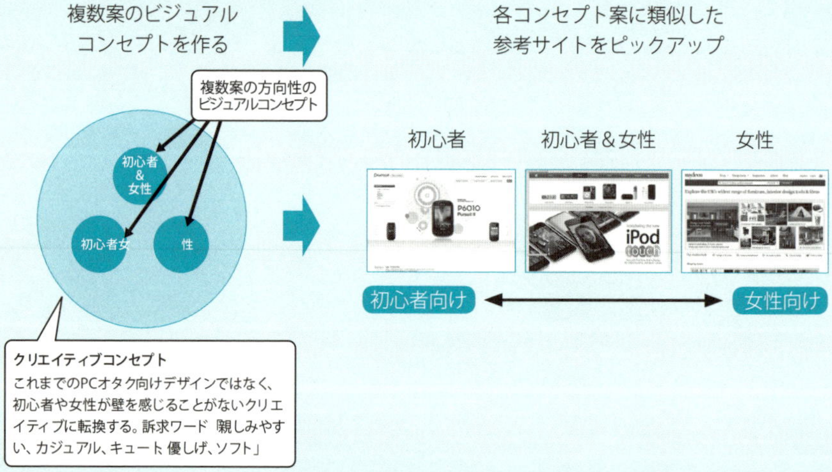

複数案のビジュアル
コンセプトを作る
各コンセプト案に類似した
参考サイトをピックアップ
複数案の方向性の
ビジュアルコンセプト
初心者
&
女性
初心者女
性
初心者
初心者＆女性
女性
P6010
iPod
touch
初心者向け
女性向け
クリエイティブコンセプト
これまでのPCオタク向けデザインではなく、初心者や女性が壁を感じることがないクリエイティブに転換する。訴求ワード「親しみやすい、カジュアル、キュート、優しげ、ソフト」

ステップ1：ワイヤーフレームの作成

適切にビジュアルデザインを行うには、そのページに掲載すべきすべての要素と意味合いを把握し、要素の優先度や情報の意味・価値による適切なグルーピングを把握する必要がある。

これらをまとめたものがワイヤーフレームと呼ばれ、Webサイトの情報設計時に作成するドキュメントとなる。情報設計は、プロジェクトの規模によりインフォメーションアーキテクト（IA）やディレクター、デザイナー等が行う。情報設計の詳しい解説は専門書に任せるが、ビジュアルデザインを実施する前に、サイト構造をまとめたサイトストラクチャーとページの要素をまとめたワイヤーフレームを作っておくと、手戻りが少なくなる。

ビジュアルデザインでは、印象を創り上げ、情報の優先度を明確にして、情報を見やすくまとめるために試行錯誤することになる。一方で情報設計においても、サイト全体の構造と導線、どのような情報を掲載すべきか、情報の優先度自体の検討といったように、ビジュアルデザインとは別の観点で試行錯誤が必要になる。

ビジュアルデザインと情報設計を同時に行うと、この2つの試行錯誤が入り乱れ、数多くの無駄が発生する。ビジュアルデザインで世界観を作っても、情報設計の観点から不要になってしまったり、逆に要素が追加されることでビジュアルデザインがやり直しになったりするからだ。このため、情報設計を行ってから、ビジュアルデザインを行うほうがよい。

図2：ワイヤーフレームの作成

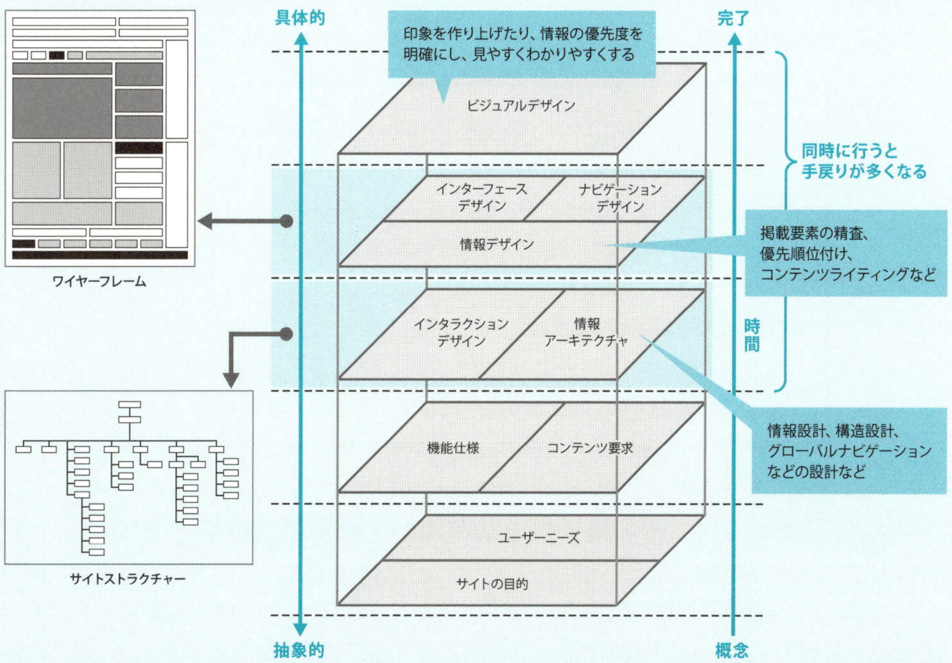

ステップ2：ドキュメントの整理、制約事項の確認

ビジュアルデザインを作成する前には、ロゴ規定やデザインガイドライン、公開前に社内クリエイティブチェックが必須かどうかなど、デザイン上での制限事項を整理する。ビジュアルデザインがほぼ完成した時点で、デザインガイドラインに適合していなかったというようなことが判明すると、すべてがやり直しになってしまう。そのようなことを避けるために必ず事前に確認しておく。

またパンフレットのデータや写真素材など、他媒体素材の流用についても、通常は写真の利用範囲や利用期間が定められている。事前に確認してから利用しないとトラブルの原因になることもあるので、注意する。この作業はデザイン開始前に、発注者側で進める。

ステップ3：ビジュアルデザインのポイントを明確にする

ビジュアルコンセプトをどのようにビジュアルデザインに反映させるか、具体的に施策レベルにブレイクダウンし、ポイントとしてまとめる。これは基本的にデザイナーもしくはアートディレクターが担当する。

発注者は、ビジュアルデザインだけではなく、ビジュアルコンセプトをどのように解釈してビジュアルデザインに落とし込んだのかについてもわかるような簡単なドキュメントを同時に求める。こうすれば、ビジュアルデザインの意図を理解したうえで評価することができる（158ページの図1）。

制作者に提出を依頼するビジュアルデザインのポイントは、例えば以下のようなものである。

「一般PC利用層に向けた安心感、信頼感、直観的なわかりやすさを演出するトーン＆マナー」
「女性PC利用者に向けた安心感、賑やかさささを演出するトーン＆マナー」
「中高年を含む幅広い利用者を対象とした視認性の高いテキストレイアウト」
「商品の魅力をすぐに理解できるキービジュアルエリア」
「各コーナーをアイコンで表現することで、サイト構成を直観的に理解させる」

ステップ4：どの案で行くかを決め、微調整を行う

アイデアやコンセプト段階では最高だと考えられたものでも、実際にビジュアルデザインにしてみると、狙いは実現できてもデザインが凡庸だったり、見た目が

図3：どの案で行くかを決め微調整を行う

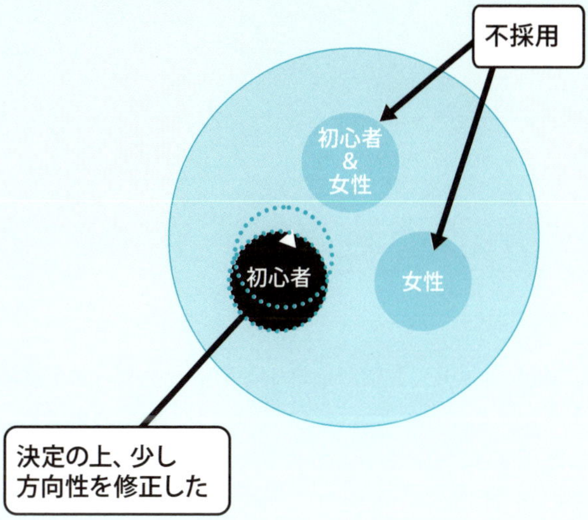
不採用
初心者&女性
初心者
女性
決定の上、少し方向性を修正した

案の決定後、色味の変更やアイコンの変更といった細部の方向性の調整を行う。この図の例だと「初心者向け案」で決定するが、アイコンは「初心者＆女性向け」案のものに変える、など。

が優れないこともある。

複数案のビジュアルデザインを作成した場合は、クリエイティブコンセプト、ビジュアルコンセプトと照らし合わせ、どの案が最もコンセプトを体現しているか、またビジュアルとしての効果が高かったかを検証し、どの案の方向性にするかを決定する。そして必要に応じて、詳細部分の微調整に入る（図3）。

方向性を決めた後は、テイストの微調整や、要素の追加削除、要素の強弱の変更等の修正作業を行い、精度を高めていく。ビジュアルサンプル作成時には、写真やイラスト素材に検討用のラフ素材を使用する。どの方向で行くかを決定した後に、最終的に掲載する素材の作成・撮影・選定を行うことになる。

POINT

- ビジュアルサンプルを複数案作る場合は、ビジュアルコンセプトを変えて、どの狙いが目指す方向に近いか検証する
- ワイヤーフレームを作ってからビジュアルデザインを作る
- ビジュアルサンプルを作成する前に、デザイン上の制約事項をまとめておく

Chapter 3

Section 4

Lecture

アートディレクションの必要性

大規模な案件でなければ、Webサイトの制作ではアートディレクターが不在の場合も多くある。デザイナーだけでなく、アートディレクターも入れる形でビジュアルデザインを制作する工程では、アートディレクターはどのようなミッションを持つのだろうか。

「デザインは芸術ではない。コミュニケーションや営業が必要になる活動である。しかしデザイナーと呼ばれる人種は営業スキルや、言語化スキルが弱いことが多い。」(長沢伸也、佐藤典司、中西元男、岩谷昌樹、岩倉信弥＝著『デザインマネジメント入門』45～46ページより)

アートディレクターの役割

アートディレクターとは、アートディレクションを専門に行う職種である。デザインの発注者と制作者であるデザイナーを橋渡しする、両方の言語を喋れる翻訳

図1：クリエイティブコンセプトがある場合

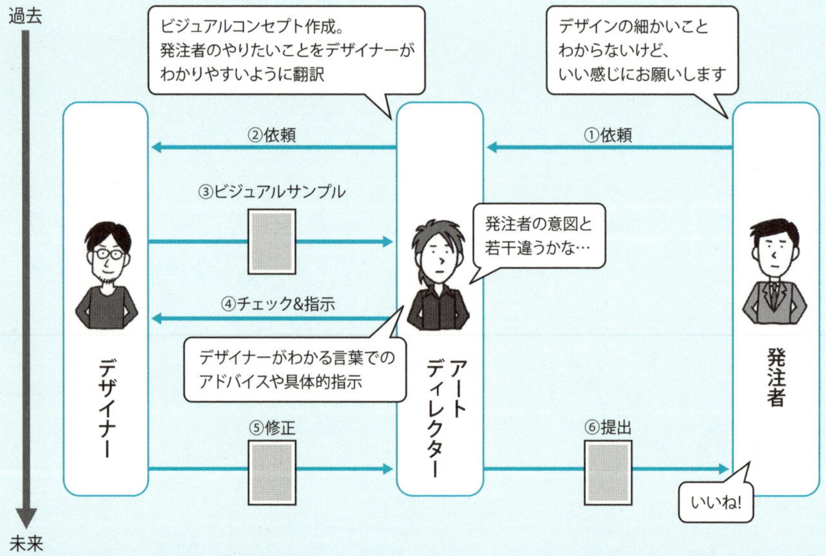

家だ（図 1）。両者の共通言語となるクリエイティブコンセプトやビジュアルコンセプトを作成したり、ビジュアルデザイン作成時に大よその指針をデザイナーに示したり、発注者の指摘をデザイナーがわかる言葉でフィードバックしたりするのが役割である。

また、デザイナーに客観視点をもたらすのも、アートディレクターの大きな役割である。デザイナーはどうしても細部にこだわりすぎてしまい、デザインを俯瞰して見られなくなったり、客観性を失い適正な評価が難しくなるからだ。

例えば、ミュージシャンなら曲を作っているうち、各楽器のボリュームや音色など細部にだんだんと目が行きがちになる。しかし、リスナーにとっては歌詞やメロディーの質の方が重要だ。このように「木を見て森を見ず」の状態に陥ったデザイナーに対し、アートディレクターは客観視点による大きな方向性のズレや、重視すべき点を気付かせる。

もっとも、重要なのはアートディレクターという職種のメンバーがいるかどうかよりも、そのプロジェクト内でアートディレクションのタスクを担える人がいるかどうかである。アートディレクターがいない場合、アートディレクターが担うタスクはデザイナー自身、ディレクター、発注者が担うことになる。

アートディレクションのタスクを認識しておらず、誰がその役割を担うのかをあいまいにしていると、「デザイナーがやってくれると思っていた」「発注者がもっと指示をきちんと出すべきだ」といったタスク漏れが発生し、手戻りが多く発生してしまうため、注意が必要だ。

図 2：デザイナーは客観性を失いがち

アートディレクションを行うか、行わないか？

「この背景を赤に」というフィードバックは、泥沼になる可能性をはらんでいる。アートディレクターがいないプロジェクトでは、指示が具体的になればなるほど、デザイナーは自分で考えることをやめ、指示通りに作業するオペレーターになってしまう。デザイナーの思考を停止させてしまうのである（図3）。

通常は制作者はアートディレクターとデザイナーがいろいろな可能性を試行錯誤した上で、ベストと思う案を提案している。発注者が不用意にその領域に踏み込むと、非常に効率が悪くなる。なぜならば、デザインの試行錯誤に発注者が巻き込まれるからだ。

アートディレクションは、デザイナーを適切に動かすという意味で、マネジメントの役割も担っている。デザイナーに考えてもらう部分と、オペレーターとして作業してもらう部分を切り分け、デザイナーをマネジメントするのである。発注者がアートディレクションのタスクに踏み込む場合はこの点を意識したい。なお、アートディレクターがいないプロジェクトでは、発注者は右ページの3点に注意しながらビジュアルデザインをフィードバックするとよい。

図3：デザイナーの試行錯誤（上）とオペレーター化（下）

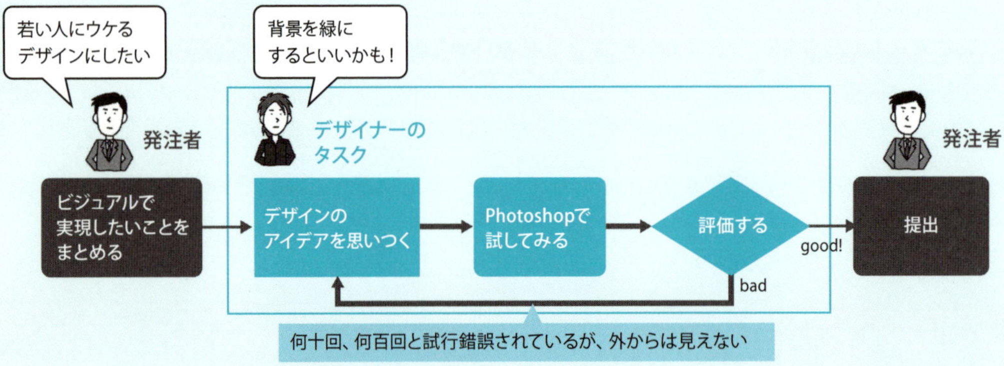

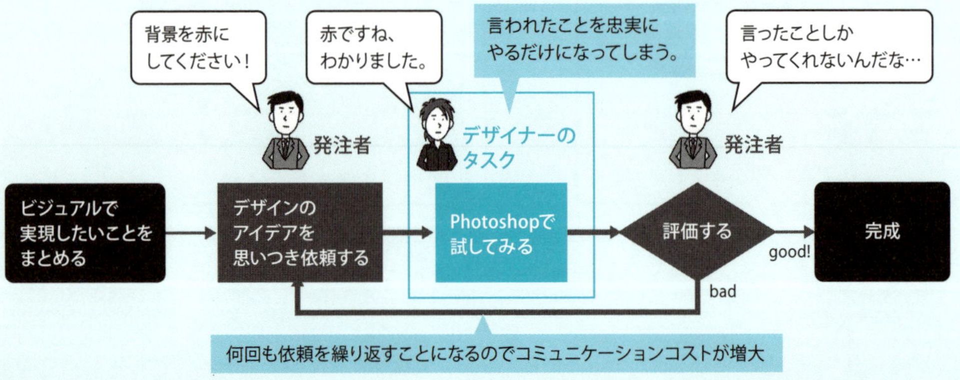

図4：アートディレクションの領域を知る

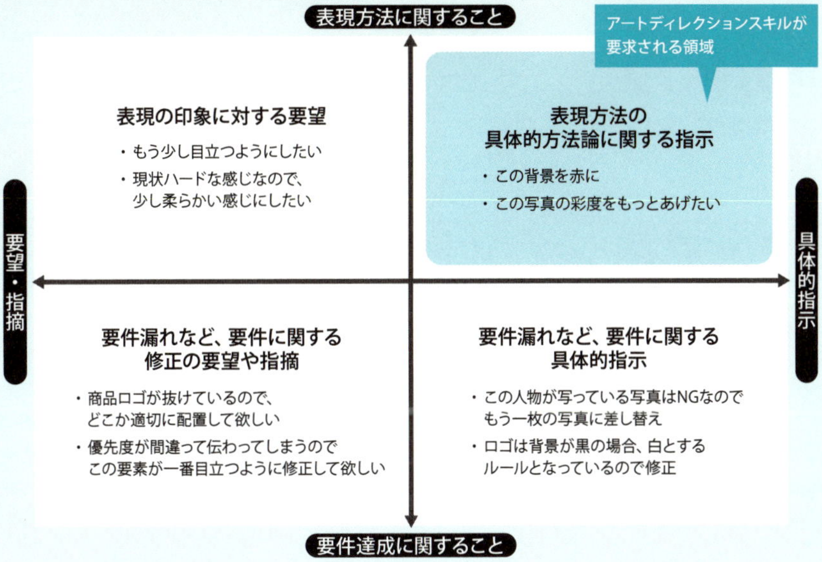
表現方法に関すること
アートディレクションスキルが要求される領域
表現の印象に対する要望
・もう少し目立つようにしたい
・現状ハードな感じなので、少し柔らかい感じにしたい
表現方法の具体的方法論に関する指示
・この背景を赤に
・この写真の彩度をもっとあげたい
要望・指摘
具体的指示
要件漏れなど、要件に関する修正の要望や指摘
・商品ロゴが抜けているので、どこか適切に配置して欲しい
・優先度が間違って伝わってしまうのでこの要素が一番目立つように修正して欲しい
要件漏れなど、要件に関する具体的指示
・この人物が写っている写真はNGなのでもう一枚の写真に差し替え
・ロゴは背景が黒の場合、白とするルールとなっているので修正
要件達成に関すること

アートディレクションの領域を知る

表現方法に関する具体的な指示（「そこを赤に」など）は、アートディレクションのスキルが要求される。「こういじったらこうなる」が経験的に見えてないレベルまで具体的な指示をすると、試行錯誤に巻き込まれてしまうからだ。

スタンス、役割分担を決める

プロジェクトメンバーのスキルと体制にもよるが、アートディレクションのタスクを発注者が行うかどうか、事前に線引きしておく。ビジュアルデザイン上の問題が発生した際に、解決策を制作者が考えるか、発注者が考えるか分担をはっきりさせるのである。具体的には、発注者の要望に対してデザイナーが「それは難しい」と返答したとき、発注者はつい具体的な解決策を口にしたくなるが、それはしないと決めておく、などである。

プロジェクトの局面におけるアートディレクションの役割分担の変更

通常、デザインの初期段階では、デザイナーへの具体的な指示は控えるべきである。しかしプロジェクトの終盤など、具体的なイメージがある場合には指示してしまったほうがよい場合もある（まぶしいので「少し黄色みを抑えて」など）。また、プロジェクトが経過していきデザイナーにアートディレクションのスキルがないと判断した際は、そのタスクを発注者が負うのか、別途スキルのあるメンバーを制作者に入れるかなど、解決策を検討する。

POINT

▶ アートディレクションのタスクを誰が担うのかはっきりさせる

▶ 発注者は安易にアートディレクションは行わない

Chapter 3

Section 5

Lecture

プロジェクトマネジメントの 4 要素 QCDS

プロジェクトの目標達成のためによりよい体制を作りたいと考えても、「アートディレクター＋デザイナーという体制を作れない」「腕のよいデザイナーに依頼することができない」など、さまざまな制約事項と要求事項のせめぎ合いが発生する。そのバランスの核となるのが QCDS だ。

QCDS のバランス

前節のアートディレクターの例のように、必要なスキルを持ったメンバーをプロジェクトに配置できなければクオリティは落ちてしまうのだろうか？　潤沢な予算とスケジュール、そして業界トップクラスのメンバーが常にそろえられるに越したことはないが、それは非現実的な話である。

実際のプロジェクトにおいてできることは、プロジェクトの QCDS（クオリティ、コスト、デリバリー＝スケジュール、スコープ）の 4 要素をコントロールし、限られたリソースの中で最適のバランスを取ることである。足りないなら発注者がその役割を担うことも必要だ（図 1）。

一般的に QCDS と言った場合の S は Service だが、プロジェクトマネジメントの世界ではしばしば Scope ととらえられることが多い。

図 1：QCDS のバランス

C（コスト）＝ **Q**（クオリティ）× **D**（デリバリー）× **S**（スコープ）

Q ↑ 品質の高さ

D ↑ スケジュールの制約度合い

S ↑ スコープの広さ

品質が高く、スケジュールの制約がきつく、スコープが広い場合、プロジェクトのコストは最大化する。

クオリティ（Quality）

クオリティとは、求める品質基準である。高い品質基準を求めると、よりスキルの高いメンバーが必要となり、コストが増す。また基準のすり合わせ、修正による精度向上のため、より長いスケジュールが必要になる。そのためメンバーの拘束時間が増え、コストも高くなる。

コスト（Cost）

コストとは、プロジェクトにおいて利用できる予算及び資源である。クオリティの向上、スケジュールの短縮及び長期化、スコープの拡大はコスト増となる。コストを一定とした場合、クオリティ、スケジュール、スコープのどれかを拡大するには、ほかの何かを削減するしかない。

デリバリー（Delivery）＝スケジュール

スケジュールとは、プロジェクトに必要とされる日数である。スケジュールの短縮は、同じ量のタスクをより短い期間でこなすことになり、より多くの人数をかける必要があるため、コミュニケーションコストが高くなる。またスケジュールの長期化は、延べ工数が増えることになるため、こちらもコストが高くなる。スケジュールを短縮化するには、コストをかけるか、クオリティ及びスコープを削減する必要がある。

スコープ（Scope）

スコープとは、そのプロジェクトで「何をどこまでやるか？」という対応範囲である。スコープの拡大は、コスト及びスケジュールの拡大に繋がる。コストを固定のままスコープを拡大すると、クオリティの低下に繋がる。スコープを縮小すると、コストとスケジュールも削減できる。

これら 4 つの要素は発注者が決定するため、適切なコストの獲得とコスト内で各要素をどうコントロールするかがプロジェクトの成否を分ける。コストが十分に取れない場合は、発注者の内部のリソースを活用して制作者のタスクを一部巻き取るなどの対処が必要となる。

つまり、プロジェクトがスタートした後に制作者にアートディレクションを依頼することができないとわかった場合、求める品質基準を下げるか、内部でも外部でも、アートディレクションができる制作者を別途探してくることが必要となる。

POINT

- ▶ クオリティ・デリバリー・スコープの増大はコスト増大要因となる
- ▶ コストを一定とした場合は、クオリティ・デリバリー・スコープのどれを優先するかを決める必要がある
- ▶ 発注者が制作者のタスクを部分的に巻き取ることも必要

Chapter 3

Section 6

Lecture

完成度評価とフィードバック

ビジュアルデザインのフィードバックは発注者が一番悩むところであろう。どのようにフィードバックすれば、より良いデザインが引き出せるのだろうか？　ここではより的確なフィードバックを行うために、完成度の評価視点と、違和感を分解してどのように対処すべきかについて考察を行う。

ビジュアルデザインに対するフィードバック

「デザイン作業は、評価者もまたデザイン価値の作り手の一員である。」（『デザインマネジメント入門』より）と言われるように、制作者から提出される成果物

この部分をもっと小さく。
この背景色をもう少し薄く
制作者
ビジュアルサンプル作成
デザインタスク
ビジュアルサンプルの修正指示出し
アートディレクションタスク
発注者が入り込みすぎ失敗しやすい
アートディレクションスキルがない発注者が入るとデザイナーがオペレーター化しやすい体制。
デザイナー
不在
デザイナーの経験が浅く、発注者の経験が深い場合にのみ成り立つ体制。
デザイナー
発注者
経験豊富なデザイナーでないと成り立たない体制。
デザイナー
デザイナー
アートディレクターが入ることで客観性が保ちやすくなる体制。
デザイナー
アートディレクター
大規模プロジェクトなどで敷かれる体制。
デザイナー
アートディレクター

に対して、どのように発注者がフィードバックするかは、とても重要だ。何を見るべきなのか？　については「3-4 アートディレクションの必要性」で紹介した通りだ。

制作者にアートディレクションするスキルを持ったメンバーがプロジェクトに配置されていれば、発注者は制作者が作ったビジュアルデザインに対して、発注者はクリエイティブコンセプトやビジュアルコンセプトに合っているかをチェックし、合っていなければ修正点を指示し、成果物を求められるクオリティに引き上げるようディレクションしていく。

アートディレクションが機能していれば、ビジュアルデザインはクリエイティブコンセプトやビジュアルコンセプトを適切に表現したものとなる。その場合、ビジュアルデザインについて発注者が評価するのは、ビジュアルデザインそのものではなく、クリエイティブコンセプトやビジュアルコンセプト自体の完成度、ということになる。「実際にビジュアルデザインに起こしてみたら、実現したかったデザインとコンセプトに少しズレがあった。コンセプトを練り直す必要がある」という具合だ。

しかし、実際にはアートディレクションが完全に機能することは稀であり、アートディレクションを担う人が不在というケースも多々ある。そのため、発注者と

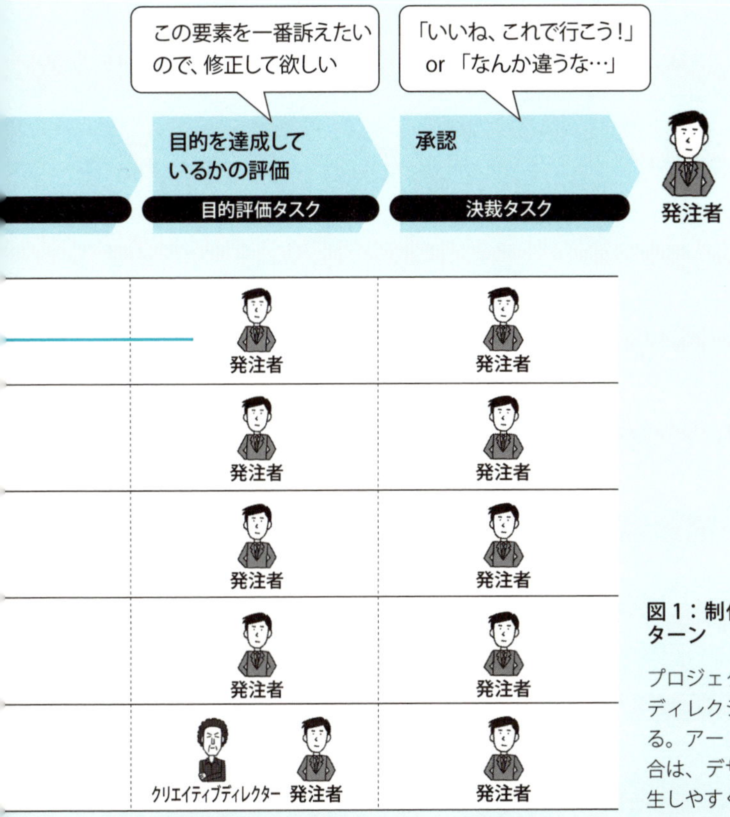

図 1：制作者と発注者の機能分担パターン

プロジェクト体制により、誰がアートディレクション機能を担うのかが変わる。アートディレクター不在となる場合は、デザインに関するトラブルが発生しやすくなる。

してビジュアルデザインにどのようにフィードバックするべきかは、そのプロジェクトにおいて誰がアートディレクションを担い、どの程度のスキルを持っているかで変わる。

アートディレクターがいない場合は、ビジュアル自体の完成度についてフィードバックする必要がある。アートディレクターがいる場合は、目的の達成度や、コンセプト自体に対するフィードバックを行うことになる。

ビジュアルデザインの完成度に対する評価視点

アートディレクターやデザイナーは、どのような視点でビジュアルデザインを完成したと判断しているのだろうか？　これは、「表現」「機能」「造形」の 3 つの視点から考察できる（図 2）。

表現としての完成度

完成したビジュアルデザインは、クリエイティブコンセプトやビジュアルコンセプトの表現として的確であり、完成されているか？　という観点である。表現したい世界観が適切に表現されているかであり、デザイナーが一番こだわりやすいポイントでもある。

機能としての完成度

視認性・優先順位・グルーピングのわかりやすさなど、利用時における機能性としての完成度である。要件として定義しやすい領域であり、発注者が一番こだわりやすいポイントである。

造形としての完成度

要素の整列、レイアウトの精密さ、トーン＆マナーの徹底など、全体の質感と細

図 2：ビジュアルデザインの完成度を見る 3 つの視点　パターン 1

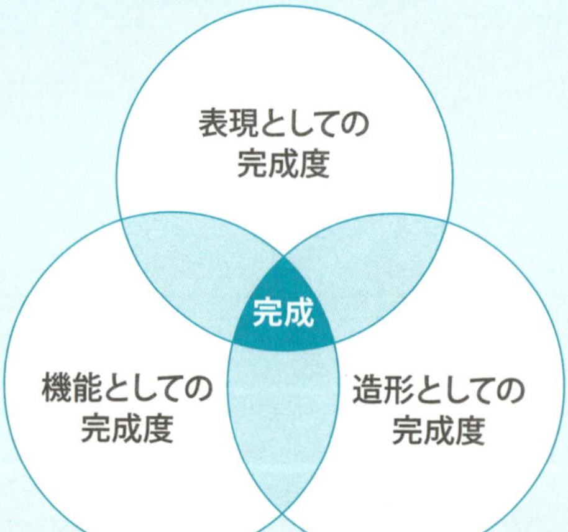

部にいたる統一感や完成度である。「精緻な美しさ」に近いとも言える。経験が要求される領域であり、アートディレクターが一番こだわりやすいポイントである。

「違和感」をどうフィードバックするか？

どこに理由があるのかわからないが、提出されたビジュアルデザインに対して「なんかダサい」「なんか気に入らない」といった違和感を感じた際には、どのように制作者に対してフィードバックすれば、うまく修正できるだろうか？

まず第一のポイントは、違和感に対して変に理由を付けないほうがよいということである。言葉にはできない違和感を感じたときに、原因を自分で考え、その修正を依頼してしまいがちである。しかし、デザインに関して素人目線でなんとなくこう直したらよいのではないか？ という推測で制作者に指示しても混乱に繋がるだけだ（図3）。

デザインは全体のバランスの上に成り立っているため、気になっている箇所とは違う部分が原因ということもある。まずは医師に自覚症状を伝えるようにデザインに対する違和感を伝え、対処方法は制作者側で考えてもらうほうがよい。

図3：原因を素人が判断するのは禁物

ただし違和感があまりに漠然としていると、制作者が正体をつかむのに時間がかかってしまう。違和感を感じているポイントを、以下のどの観点に分類できるか考えて見ると、フィードバックの糸口がつかめるだろう。

コンセプトに即したデザインとなっているか？

クリエイティブコンセプトやビジュアルコンセプトと比較し、コンセプトを適切に表現できているか？　トーン＆マナーに即しているか？　という観点から違和感がないか考えてみる。クリエイティブコンセプトやビジュアルコンセプトはデザイナーとの共通言語であり、コンセプトからどのようにズレているかを具体的にフィードバックできれば、デザイナー側も理解しやすいだろう。

一般的なクオリティと比較して「80 点以上」か？

一般的に見てプロの仕事だ、といわれるクオリティに達しているか？　という観点から違和感がないか。80 点の基準というのは定量的なようで定性的な評価軸だが、いくつかの Web サイトを自分の中でベンチマークとして見つけておき、遜色がないかを比較する。ベンチマーク対象となる Web サイトは、さまざまなランキングを活用して自分たちと似た業界・業態のサイトを参考にするとよい。デザインに違和感があれば、ベンチマークした Web サイトをもとにデザイナー

図 4：コンセプトとのズレをフィードバックする

と話し合うことができるだろう。

要件を満たしているか？

ワイヤーフレームや指示書の要件が満たせているか？　要素がすべて載っているのか？　という観点で検証する。写真の内容が指定と違っていないか、必要な項目が勝手に削られていないかなど、抜け漏れがないかをチェックする。要素の抜け漏れが違和感に繋がることはほとんどないだろうが、確認は非常に重要なので、やっておく。

要素の優先度は合っているか？

ワイヤーフレームで示した優先度に従ってデザインされているかという観点から検証する。優先度が高い要素が目に付くか？　大切な要素の視認性が低くなっていないか？　適切なコントラストがついているか？　などをチェックする。優先度が指示と異なった場合に、目立たせようとして発注者が色の変更を指定したりすると混乱の原因となる。優先度を再確認し、制作者に解決案を求めるほうがよい。

要素のグルーピングは適切か？

ワイヤーフレームで示されている情報のグルーピングが適切にデザインされているかという観点で検証する。例えば、大きく PR を行うキャンペーンなどのエリアと小さくバナーで訴求する 2 つの要素を、ワイヤーフレームでは PR エリアとしてグルーピングしていたが、ビジュアルデザイン上では個別のグループとして見えてしまっていないかなどをチェックする。

ワイヤーフレーム作成時に検討したグルーピングは、情報にたどり着きやすくするための情報設計としてのグルーピングとなるため、基本的にはワイヤーフレームのグルーピングを優先したほうがよい。

違和感は自分の趣味からくるのか

これらの検証をひと通り行ったうえで、自分の趣味的な問題かどうかを検証する。ここまで検証して、違和感はただ自分の趣味的に感じているだけで、それ以外で問題がないのであれば、プロジェクトとしては問題ないビジュアルデザインであると言える。当然、不快感のあるビジュアルデザインであれば、他の人も同様に問題意識を抱えているはずなので、気になるようなら同僚や関係者などに見てもらうのもよい。それで問題なければ、あまりこだわるべき部分ではないだろう。

POINT

- ▶ 「表現」「機能」「造形」の 3 つの視点から完成度の評価ができる
- ▶ 違和感を感じるときは原因を自分で考えず、制作者に考えてもらう
- ▶ コンセプトやベンチマークした Web サイトなど、具体的なものとの比較でフィードバックの糸口をつかむ

Chapter 3

Section 7

Lecture

ステークホルダーによる承認と完成

プロジェクトには承認者も含めた様々なステークホルダーが登場する。本節では一般的にどのようなステークホルダーが登場するか、そしてプロジェクトをスムーズに進めるために、承認時にどのようなポイントに注意すべきかについて考察する。

発注者内部のステークホルダーを把握する

完成したビジュアルデザインを社内承認・意思決定するにあたって、関係者が多くなると調整事項も多くなり、意思決定のスピードが落ちる。そのため、プロジェクトは少人数で構成したほうが効率的だ。だからといって必要最小限のメンバーをいきなり集めようとするのではなく、まず発注者内部のステークホルダーとなりえる関係者を洗い出す。その上で、どこまで意思決定に関わってもらうのか、どのレベルでヒアリングを行うのか決めるのがよい。

図1：ステークホルダーとなりえる関係者

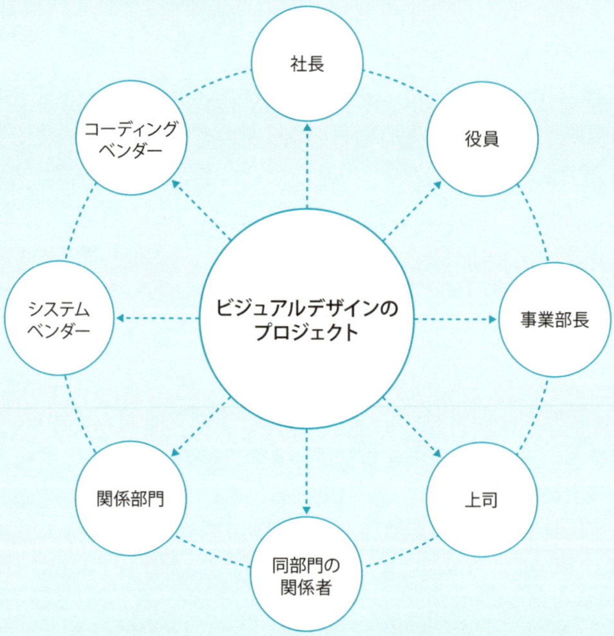

特にプロジェクトの終盤になってから新たなステークホルダーが登場してくると、ビジュアルデザインなどの前提事項が覆される危険性がある。新たなステークホルダーのプロジェクトに対する利害関係が大きい場合、プロジェクトの目的やコンセプトまでが覆り、前提としていた要件が追加・変更され、プロジェクト全体に大幅な手戻りが起きることがある。

つまり、事前にプロジェクトに関係するステークホルダーを把握しておくことが、ビジュアルデザインのみならず、プロジェクト全体の承認・意思決定をスムーズに進める上で非常に重要な事項なのである。誰がどのレベルで関わるべきかは、プロジェクトの種類や発注者の社内事情によるので一概には言えないが、一般に考えられるステークホルダーは以下の4タイプである。

社長、役員、事業部長

コーポレートサイトのトップページや、サービスブランドトップページなど、会社の顔として影響力を持つWebサイトは、社長、役員、事業部長たちも　ステークホルダーと考えたほうがよい。このクラスのステータスホルダーは、基本的にエグゼクティブサマリー（プロジェクトの要約資料）など重要な決定事項前の報告を受ける立場という形でプロジェクトに関与することになる。

上司・同部門の関係者

プロジェクトのメインメンバーとなる同部門の関係者については、どのように役割分担するか決めておくことが重要になる。誰が決裁者で、誰がプロジェクト推進リーダーかということだ。各々が勝手に役割を考えている場合、いつまで経っても意思決定されなかったり、誰かがやってくれると思っていたり、タスクが滞る原因となる。

関係部門

関係部門が意思決定にどの程度関与するかは、プロジェクトの目的や、どこが費用負担部門であるかによって変わる。関与レベルをコントロールするには、担当者レベルではなく部門間で事前調整したり、目的や費用負担を明確にした上で参加を求める。また内容だけでなく、情報システム部門などは技術面に影響が出る可能性があるため、関係あるかどうかを早めに確認する。

社外のプロジェクト関係者

ビジュアルデザイン作成とは別に、システム系ベンダーやHTMLコーディングの外注パートナーに依頼する場合、ビジュアルデザインにシステム組み込み上あるいはコーディング上の問題がないか、チェックをする機会を設ける必要がある。

承認者との認識のズレをなくす

ビジュアルデザインを承認する際、プロジェクトの根幹をなす前提事項や検討プロセス自体に対して承認者が疑問を抱くと、プロジェクト全体が覆ることがある。また、承認時は、ビジュアルデザインを見た承認者がアイデアをいろいろ思いつき、中途半端にアドバイスしてしまうためビジュアルデザインが大幅に覆りがちである。ビジュアルデザインは「感想」を述べやすい承認事項のため、往々にしてそのようなことが起こる。

承認時における差し戻しは、たいてい大幅な修正が必要になり、プロジェクトの進行に大きな影響を与える。特にプロジェクト初期段階のタスクに関する認識のズレはリスク度合いが高く、問題が表面化した際の修正コストが高くつく。前提事項や検討プロセスに対する認識のズレは致命傷になりやすい（図3）。プロジェクトをスムーズに進めるためには、承認時に差し戻しを起こさないことが非常に重要だ。

それでは、なぜこのような手戻りが発生してしまうのか？　それは、プロジェクトメンバーと承認者の間に認識のズレがあるためと考えられる。

プロジェクトメンバーと承認者が共通の認識で動いていれば、基本的に大きな問題は発生しない。プロジェクトの進行に大幅な影響を与える問題が発生する場合、ほとんどがコミュニケーション不足によるさまざまな認識のズレによる（図2、3）。なので、そうしたズレを事前に修正しておくことは、非常に重要である。

図2：プロジェクトメンバーと承認者の間の認識のズレが起こりやすいフェーズ

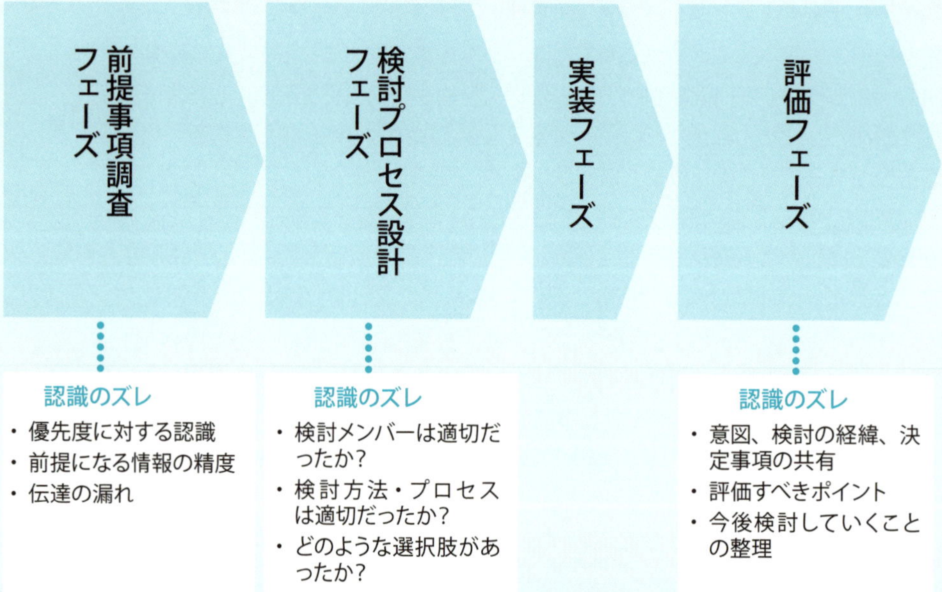
前提事項調査フェーズ
検討プロセス設計フェーズ
実装フェーズ
評価フェーズ
認識のズレ
・優先度に対する認識
・前提になる情報の精度
・伝達の漏れ
認識のズレ
・検討メンバーは適切だったか？
・検討方法・プロセスは適切だったか？
・どのような選択肢があったか？
認識のズレ
・意図、検討の経緯、決定事項の共有
・評価すべきポイント
・今後検討していくことの整理

図3：認識のズレによるリスクの度合い

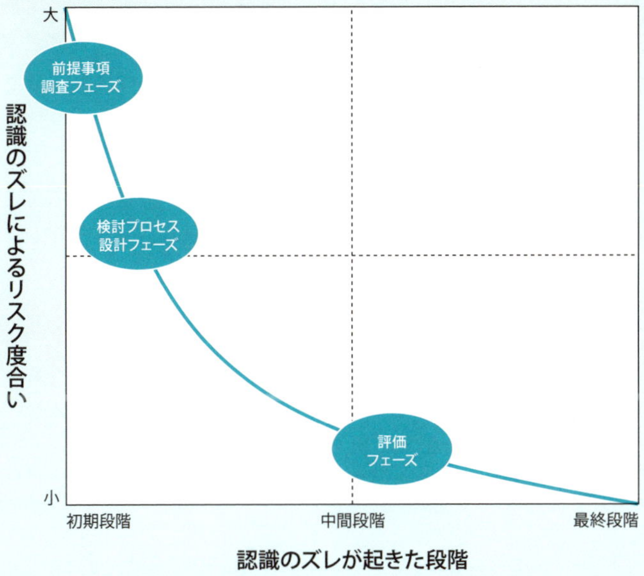
大
小
認識のズレによるリスク度合い
前提事項調査フェーズ
検討プロセス設計フェーズ
評価フェーズ
初期段階
中間段階
最終段階
認識のズレが起きた段階

では、認識のズレについて3つのフェーズごとに解説する。

前提事項調査フェーズの認識のズレ

前提事項とは、プロジェクトの目的、ゴール、ビジネスニーズ、ユーザーニーズ、スケジュール、プロジェクトメンバー、予算などである。プロジェクトメンバーと承認者の間でこの認識がズレていると、前提事項は覆る。認識のズレの要因は大きく3つある。

ズレ1：優先度に対する認識ズレ

例えば、プロジェクトメンバーが、サービス利用料金ページへの導線強化などユーザーニーズを重視して進めているにも関わらず、承認者は新商品のプロモーションや資料請求ページへの誘導など売上や問い合わせの増加といったビジネスニーズを重要視しているといった、前提事項の優先度に対する認識のズレである。

前提事項のうち、何を優先するかによって、プロジェクトの編成方法がまったく変わってくる。これがズレていると、当然ながらプロジェクトの大幅な修正が必要となってしまう。

ズレ2：前提になる情報の精度

例えば、ユーザーアンケートによる事前調査がこのプロジェクトの教訓となっているにも関わらず、回答母数が少なすぎるため調査結果として信用に値しないというズレである。ニーズの情報源・精度、スケジュールや見積もりの精度など、もとにしている資料の信頼性を確認し、どの程度の精度を必要とするか事前に共有しておく必要がある。

ズレ 3：伝達の漏れ

プロジェクトメンバーと承認者の間で、事前に前提事項が十分に伝達されていないケースである。これが原因で、承認者がスケジュール上もっと早くできると考えていたり、プロジェクトに参加すべきと考えられていたメンバーが含まれていなかったなど、大きな問題に発展することとなる。

前提事項に対する認識のズレを起こさないためには、プロジェクトの立ち上げ時にキックオフを開催し、必ず承認者が参加し、前提事項を擦り合わせることが有効である。プロジェクトが進めば進むほど、プロジェクトの軌道修正にはコストがかかる。早い段階で認識のズレを無くしておくことが望ましいからだ。また、キックオフ時に承認プロセス（どのようなタイミングで、どのように承認するか）もすり合わせておけば、承認をスムーズに進めることが可能になる。

検討プロセス設計フェーズの認識のズレ

承認者はプロジェクトに深くは関わっておらず、意思決定時や、プロジェクトメンバー間で決めた方向に問題がないかを承認するだけであることが多い。プロジェクトにおいて過去にどのような選択肢があり、どのような経緯でそれらが除外されたかを知らないため、最終案だけを見て、「他にもっとよい案があったのではないか？」という疑念を持ちやすい。以下の 3 つの疑念を踏まえ、重要な意思決定においては、承認者を参加させることも重要となる。

図 4：検討プロセスのズレ

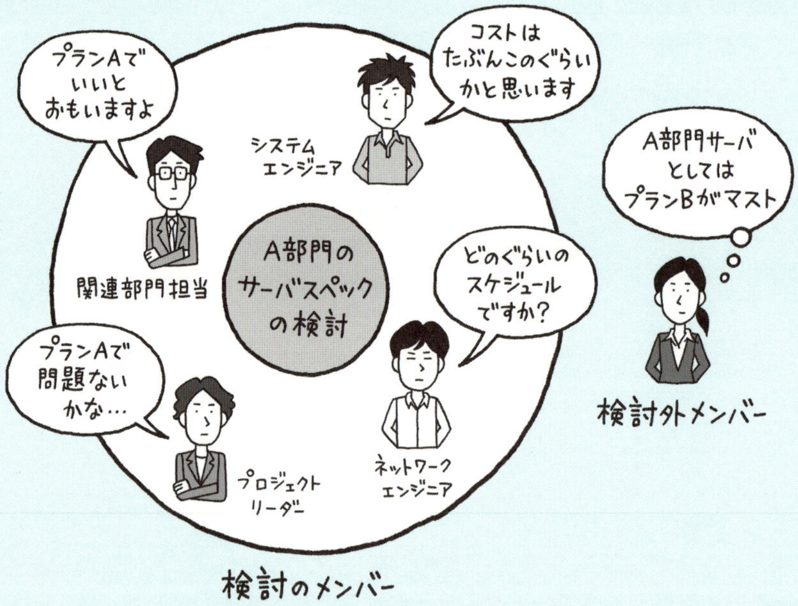

検討しようとしている事項について、十分な知見と情報を持っているメンバーがいなかったり、決定の実行時に必要となるメンバーが参加していない場合、プロジェクトは不適切な答えしか導き出せない。A 部門のサーバスペックを検討しているのに、A 部門担当者が抜けていては意味がない。

疑念 1：検討のメンバーは適切だったか？

プロジェクトにおいては、検討している事項について十分な知見と情報を持っているメンバーが参加していなければならない。例えばサーバーのスペックを決定する際に、サーバーをよく利用している部門のメンバーが検討メンバーの中に 1 人もいなかったとしたら、そこで決定されたサーバスペックは実際の利用において意味を成さない可能性が高い（図 4）。

また、重要度の高い内容を検討する際は、構成メンバーの多様性も検討すべきだ。同じようなメンバーだけでは適切な議論にならず、特定の部門に偏った意見や、特定の方向性のみが検討されることがあるからだ。

疑念 2：検討方法・プロセスは適切だったか？

ビジュアルデザインを検討するプロセス（「2-7 実行プラン策定」参照）が適切に行われ、プロジェクトにおける検討方法やチェックの工程が透明化されていないと、成果物が本当に最良なのかどうかという疑念を抱かせることになる。

疑念 3：どのような選択肢があったか？

成果物にたどり着くまでにどのような選択肢があり、それらが検討に値する幅広さを持っており、かつ正当な理由で別案が除外されたのでなければ、検討が甘かったという疑念を持たれかねない（図 5）。

ビジュアルデザイン案だけでなくワイヤーフレーム上で検討されたものも含めて、可能性が適切に検討された経緯を報告できる準備をしておく。また、それらの案はなぜ除外されたか、判断基準を明確にしておく必要がある。

図 5：どのような選択肢があったか？

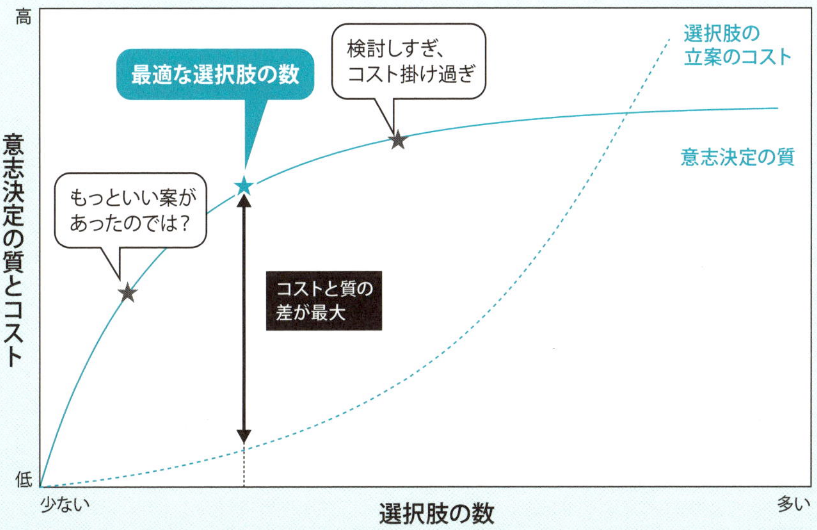

選択肢を多くしようとすればするほど加速度的にコストが跳ね上がる。逆に少ない選択肢での検討だと十分に検討されていないと疑念を持たれる。最適な選択肢の数は、コストをかけすぎず、かつ十分に検討されたと考えられる数にバランスさせることが重要である。

プロジェクトの重要な意思決定の会議には承認者が参加し、適宜報告することが、認識を合わせる上で重要である。報告・承認を行う重要なポイントは次のようなタイミングだ。

- プロジェクトのキックオフ時
- ビジュアルデザイン検討プロセスの決定時
- ビジュアルデザイン案の絞り込み時
- 最終確認時

評価フェーズの認識のズレ

承認時に評価ポイントがわかっていなかったり認識がズレていると、承認者がプロジェクトでの過去の決定を覆すアイデアやアドバイスを口にしがちになる。承認を仰ぐ側はプロジェクトのさまざまな情報を知っているが、承認者側はプロジェクトの進捗状況をわかっていなかったり、これまでのプロジェクトの経緯を忘れていることが多い。

承認時には、次の2つのポイントで評価視点を整えてからビジュアルデザインを見せると、適切な判断につなげることができる。

評価すべきポイント

どのような視点で見ればいいのかを整理する。一般ユーザーから見てどうなのかという視点と、ブランドとしてこの表現は有効なのかという視点では、評価が異なる。また、何を決断して欲しいのか、方向性の決定なのか最終確認なのかといった論点や、その重要度を明確にする必要もある。
特に最終確認では、172、173ページで示した「コンセプトに即したデザインとなっているか」、「一般的なクオリティと比較して80点以上か？」、「要件を満たしているか？」、「要素の優先度は合っているか？」、「要素のグルーピングは適切

図6：評価ポイントのズレ

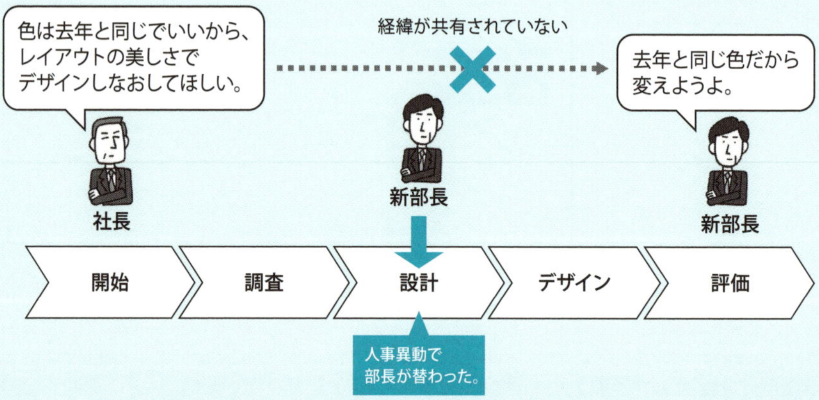

図 7：評価する事項の整理

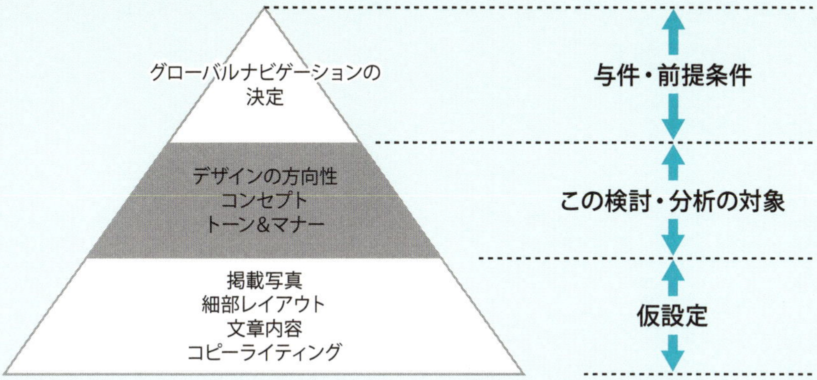
グローバルナビゲーションの決定
デザインの方向性
コンセプト
トーン&マナー
掲載写真
細部レイアウト
文章内容
コピーライティング
与件・前提条件
この検討・分析の対象
仮設定

デザインの方向性を検討する際の評価ポイントはこのように図示できる。既に決まっている与件、前提条件と、現状は仮設定で今後検討していくことを明示し、今検討すべきポイントを明確にすることが重要である（籠屋 邦夫＝著『意思決定の理論と技法』）。

か？」という観点で、すべてが適切であるという論拠を示しつつ、確認・承認をしてもらうのがよいだろう。

今承認することと、今後検討していくことの整理

話が細部に終始しないよう、今決めなくてよいことや今後検討する事項を整理し、明示しておく。例えば、仮で入れておいた文言が議論の的になってしまい、承認すべき内容が疎かになって、公開後に修正が入るようなことを防ぐなどである。また、今後どのような確認・承認のタイミングがあるかを示しておくことも重要だ。承認内容が最終版であるときと、まだこの後に確認できるタイミングがあるときでは、考えるべき内容も変わってくるからである。

最終確認と検収

社内の承認が終わったあと納品・公開を迎えることとなるが、制作者との契約は、通常検収書の発行を持って終わることとなるため、納品物の最終確認を行い検収書の発行は最後の重要な仕事となる（運用やメンテナンスは新たな契約となる）。

紙媒体などと違い、Web サイトは公開後も「いつでもすぐに直せる」ものである。そのため公開後も、「ちょっとした修正だから」と検収を遅らせサイトの修正作業を継続し続ける例があるが、RFP や契約時の要件に含まれていない項目の修正、追加作業は、追加要件となり契約に含まれないため契約違反になることもあるので注意が必要である。下記に各契約形態における注意点を示す。

請負契約

請負契約の場合、制作者は欠陥のない完全な物品、情報成果物、サービス等を提供する必要があるが、これは契約時に定めた内容に従い欠陥のない納品物となっているかという観点になるため、契約後に出てきた追加要件は含まれない点に注

意が必要だ。ビジュアルデザインにおける瑕疵とは「Webサイトに掲載した商品価格が指定したものと違っていた」「指定したガイドラインが守られていなかった」などがある。

瑕疵担保期間はシステムの絡まない案件であれば1ヶ月〜3ヶ月、システム案件であれば6ヶ月〜1年程度程度が目安となる。瑕疵担保期間であっても追加要件に当たる内容については、制作者はその対応義務を負わないのは言うまでもない。

例えば契約時には「ブログ設置」としている、オープンソースのブログを設置する案件で、納品時になってマニュアルを要求するような行為は契約の範囲を超える可能性がある。契約後に納品物を変更しないよう、契約時には細心の注意が必要である。

最終確認についても、Webサイトの公開間近となることが多いため、内容をよく確認せずにとりあえず承認を出してしまうケースが散見されるが、最終確認は制作者の納品物が契約内容に従っているかの確認なので、注意が必要である。瑕疵担保期間内であっても、瑕疵とは「買主が通常の注意を払っても知り得ない瑕疵を指す」ため、最終確認での確認を怠った場合のトラブルは瑕疵に含まれない可能性が高いからだ。

準委任契約

準委任契約の場合、制作者には善管注意義務を果たした行為を提供する必要があるが、逆にいえば、善管注意義務さえ果たせば、完成責任（成果物責任）を負わないため、納品物が不完全でもその責任は負わない。

善管注意義務とは、「委任を受けた人の、職業、地位、能力等において、社会通念上、要求される注意義務」であり、専門家、そのプロとしての平均的な注意を尽くす必要があるということだ。

そのため、準委任契約の場合「検収」や「瑕疵担保」という概念自体が発生しない。サービス内容や契約期間に含まれているか注意が必要となる。通常コンサルティング業務など上流工程の場合に用いられる契約形態なので、ビジュアルデザインで準委任契約を要求された場合は注意する。

POINT

- ▶ ステークホルダーの把握はなるべく早い段階で行う
- ▶ プロジェクト初期段階での認識のズレはリスク度合いが高い
- ▶ 承認者に評価を仰ぐ場合は、評価ポイントをはっきりさせておく

Column

費用に関する意識のギャップ

自社のビジネスモデル、収益モデル、またその前提となる知識、組織や業界の慣例について、発注者も制作者も説明をするまでもない常識となってしまっているため説明を行うことがほとんどないが、この部分のギャップが費用に関する発注者と制作者の誤解や問題を生んでいる。その代表的なギャップとしてアイデアや企画に費用が払えるか？ という問題がある。

制作者は不定形のオーダーメイド産業であり、原価がほぼすべて人件費となるため、作業の内容を数時間～数日単位にブレイクダウンしていき、それにリスク等を勘案し、トータルでどれだけ人が動いたかという工数を見積る形となる。そのためアイデアや企画を考えることも工数として見積もる必要が出てくる。

それに対し発注者は様々な形態があるが、パッケージ売りの製品しか扱っていない場合や、管理部門だと、工数計算の文化がない。また普段の生活の中で何かを購入する際には購入するものの単価が決まっており、オーダーメイドで人を動かして何かを購入することがあまりないため、通常費用の支払いは提供価値に対して払われるという意識となるのである。

その結果、制作者はどれだけ人が動いたかで見積もり、発注者は提供価値としていくらなのか？という認識の違いが起きるのである。

発注者、制作者の意識についてかなり乖離があることは理解いただけただろう。そのギャップを埋めることが重要なのである。

Chapter 3

Section 8

Lecture

完成後の調整・メンテナンス

ビジュアルデザインが完成し、サイト公開後に問題となる点について考察をする。問題は大抵公開後に起きるが、問題を起きないようにするためにはビジュアルデザインを着手する前（つまり公開より遥か前）に考えておかなければいけないことが、ほとんどである。

完成・公開後、誰がクオリティの管理をするのか？

Web サイトは器であり、中身は常に変化をし続ける点が、紙媒体や映像媒体などと違う点である。公開時にどんなによいビジュアルデザインを作っても、その後の更新時にクオリティ管理を行わなければクオリティ維持はできなくなっていってしまう。そのため、Web サイトは公開時をピークとしてクオリティが下がっていくのが一般的である（図 1）。

完成後にどのように使われるかがわからないという点で、Web サイトは企業ロゴと似ている。企業ロゴはさまざまな場面で使われることが想定され、その利用パターンは事前にすべてわかるわけではない。企業ロゴは CI デザイン

図 1：ビジュアルデザインの品質低下パターン

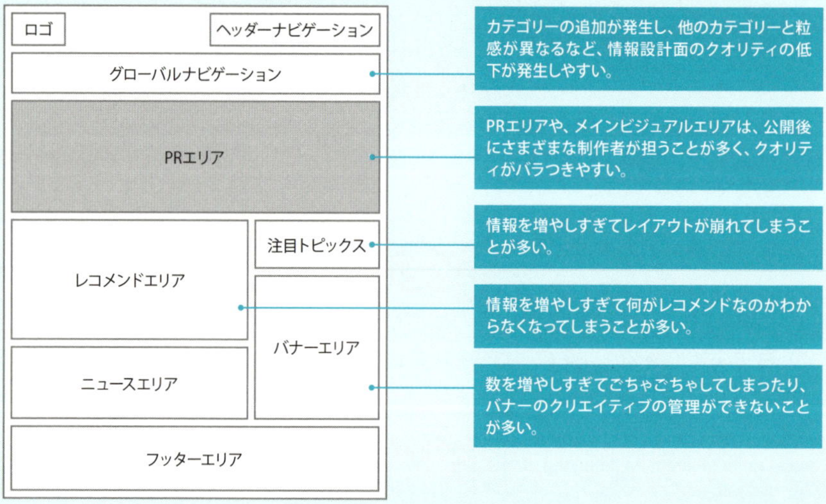
ロゴ
ヘッダーナビゲーション
グローバルナビゲーション
PRエリア
注目トピックス
レコメンドエリア
バナーエリア
ニュースエリア
フッターエリア
カテゴリーの追加が発生し、他のカテゴリーと粒感が異なるなど、情報設計面のクオリティの低下が発生しやすい。
PRエリアや、メインビジュアルエリアは、公開後にさまざまな制作者が担うことが多く、クオリティがバラつきやすい。
情報を増やしすぎてレイアウトが崩れてしまうことが多い。
情報を増やしすぎて何がレコメンドなのかわからなくなってしまうことが多い。
数を増やしすぎてごちゃごちゃしてしまったり、バナーのクリエイティブの管理ができないことが多い。

図2：ロゴに求められる視覚的統一性

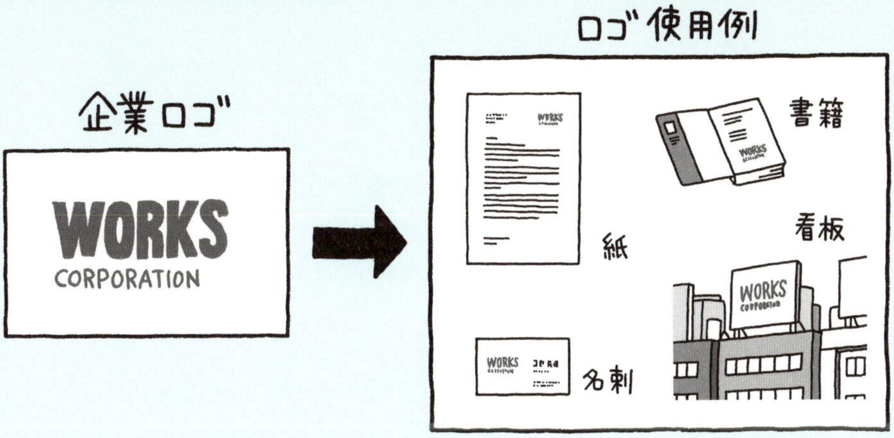

（Corporate Identity）といわれるように、企業の独自性をロゴとしてデザインした視覚的コミュニケーションである。大きな看板や小さな名刺などさまざまな場面で使われても、同じ企業であるという視覚的な統一性が必要になる。そのため、企業ロゴでは通常ロゴマニュアルやロゴ使用ガイドラインを用意するのが一般的だ（図2）。

Webサイトのビジュアルデザインについても同様に、さまざまな部署や関係者がサイト運用には関わることになるため、統一性や一定のクオリティを保つうえでデザインマニュアルやガイドラインが必要になる。またトップページの目立つエリアに置くプロモーションバナーなどは、Webサイトのイメージに直結するため、クオリティ管理をどのように行っていくかも決めておかなければならない。

以下、クオリティを管理する上で必要な4つのポイントについて説明する。

なお、説明する対象は、中～大規模サイト及び運用が継続的に発生するWebサイトである。公開期間の短いキャンペーンサイトなどでは、厳密にガイドラインや管理体制を検討することがメリットとはならない。

ポイント1：使いまわしを考えたデザイン設計

サイト運用面で問題となりやすいのが、各ページでの最適化を優先したためにプロモーション系のバナーサイズがページやカテゴリごとに違ってしまい、サイト内でバナーの使い回しができずに運用コストが増えてしまうというような問題だ。

ただし、すべての規格を全ページで統一すると効率的に運用ができる反面、どのページも似たような印象のページになってしまい、エンドユーザーから見て退屈なWebサイトになりかねない。そのため、統一すべき部分と、ルールから外れてもよい部分のバランスは、運用効率とユーザー視点を考慮しながら決める必要がある。

ポイント2：デザインガイドラインとマニュアル

グローバルナビゲーションの追加時にフォントが違ってしまったり、ページによってリンクの色が違う、見出しのデザインが異なり統一感がなくなるなど、運用を続けていくとさまざまな関係者が運用・更新に関わることにより、サイト内での統一性がなくなっていく。これらの問題は、特定のページサービスなど、その時々で重要なものをより高い訴求力で見せるための試行錯誤がなされ、サイト全体での最適化の視点がなくなり個別最適を行ってしまったことが原因である。

デザインガイドラインやマニュアルは、サイト全体として統一すべき部分と個別最適化してよい部分を明示することでWebサイトの統一性を図ろうとするドキュメントである。ガイドラインは最低限守るべきルール集、マニュアルは誰でも同じようにできる作業手順書を指す（図3）。

ポイント3：デザインクオリティのチェック体制

トップページにWebサイトのトーン＆マナーにそぐわないプロモーションバナーが載ってしまった、キービジュアルの質が著しく悪かったなどの事態にならないようにするにはどうしたらよいのだろうか？

トップページのメインビジュアル変更や、サイト内のキービジュアル変更など、インパクトが強くサイト全体のイメージに影響するものの変更や追加などを行う時は、クオリティ管理できる業務フローを作る必要がある。特定のデザイナーや、クオリティが判断できるディレクターを通して、チェックやフィードバックが可能となるプロセス、入稿スケジュールを事前に決めておき、入稿マニュアル・依頼書をドキュメント化し関係者に共有する。またその際に発生する費用も事前に取り決めておく。

またデザインガイドラインやマニュアル自体の管理やアップデート、関係者への共有、閲覧可能な環境の構築なども必要となる。

ポイント4：エレメントリスト管理

デザインマニュアルと近いものだが、サイト内で使われている「見出しパターン」、「レイアウトパターン」、「表組み」、「強調表現」、「注意喚起」など個別の要素に分解し、実際の表示サンプルとHTMLのソースコードをセットでリスト化したものをエレメントリストと呼ぶ（図4）。

エレメントリストは、サイト内で使われている基本要素を網羅的に掲載しておくことで、似ているが微妙に違う見出しが乱立したり、勝手にさまざまなデザインパーツを作ってしまうというようなことを防ぐ。

図 3：マニュアルの例

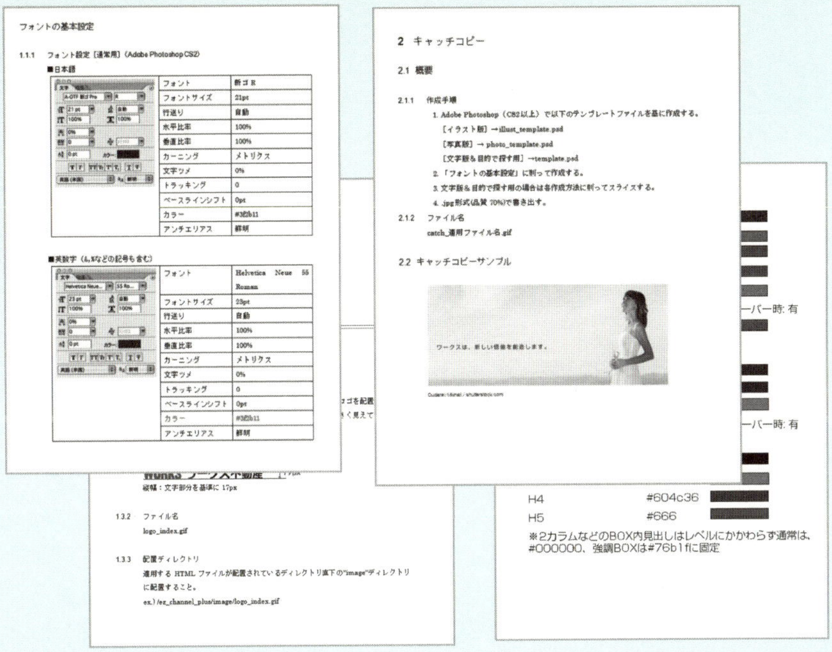

図 4：エレメントリストの例

エレメントリストは、Web サイトのすべての基本要素を並べた、制作者向けのリストページである。大規模サイトなど、複数の作業者がかかわる場合などに特に有効である。

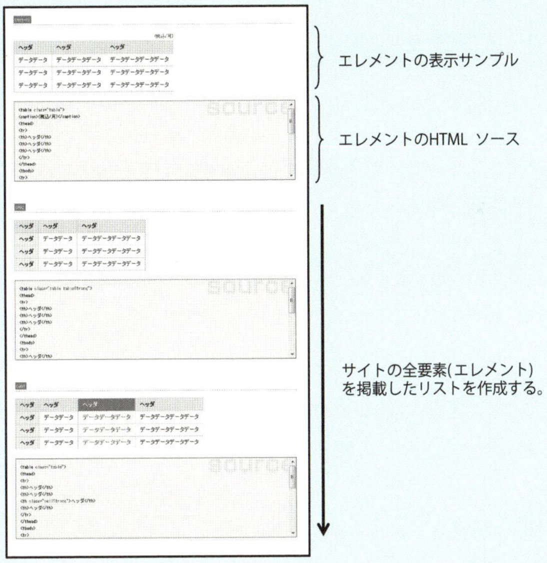

※拡大図は巻末付録に掲載

また新規ページ作成時には、エレメントリストからコピー&ペーストしていくことで、ページ作成の効率化とコーディングクオリティの維持にも繋がる。

POINT

- ▶ 更新時にクオリティ管理を行わなければ、公開時をピークとしてクオリティは下がっていく
- ▶ デザイン設計は、運用効率とユーザー視点を考慮しながら行う

Chapter 3

Section 9

Lecture

成果物の他媒体での利用

Webサイトで使ったイラストを紙媒体でも展開しようと考えていたが、イラストの紙媒体での利用は別途費用がかかることがわかった。しかし既にプロジェクト予算は残っていなかった……。このような事態に陥らないために、本節では権利関係の注意点について解説する。

作業ファイル支給は別費用が一般的

契約内容にもよるが、Webサイトに関する納品物は、Webサイトとしてサーバ上に配置をするファイル一式（HTMLファイル、画像ファイルなどの関係ファイル）となり、作業ファイルや元データ支給時は別費用となるのが一般的である。

Webサイト制作での成果物を他の媒体の制作に活かす際にトラブルとなりやすいのは、HTMLを作成する前のビジュアルデータ（PhotoshopやFireworksのデータ）や、Flashの作成時のデータ（.flaファイル）、動画作成時の元データ（ビデオ撮影素材や3DCGモデリングデータ）などである。

発注者がコストを抑えるためにこうしたデータを取り寄せて自ら新規作成や更新を行うこともあるが、クオリティ管理の観点からは推奨できない。これらの作成データを納品物に含めるかどうかで費用は変わってくるため、利用予定が

図1：作業ファイルと納品ファイル

作業ファイル　　納品ファイル

ある場合は詳細見積もり検討する段階でどの程度の費用かを確認しておく。

またタイトルやグローバルナビゲーションなどにOS標準搭載でないフォント（「新ゴシック書体」や「リュウミン書体」など）を利用している場合、作業ファイル一式を買い取っても、フォントがないため修正ができないこともある。フォントは一般的に発売元とのライセンス契約となる。フォントを納品ファイルとして含めることはできないので、注意が必要である。

OS標準搭載でないフォントを使っている場合は、使用フォントについて制作会社に開示してもらい、必要に応じて購入するなど対応が必要となる。

写真やイラスト素材を利用する場合の注意点

写真やイラストの素材には大きく分けて3種類の素材がある。フォトグラファーやイラストレーターを起用し独自に制作した素材、ライツマネージドの素材、ロイヤリティーフリーの素材の3種類である。ライツマネージドやロイヤリティーフリーの素材はストックフォトサービスや、レンタルイラストサービス、書籍などで提供される。ストックフォトサービスとは、以前はレンタルポジサービスという名称が一般的であった、フォトグラファーが撮影・ストックした写真素材の保管・レンタルを行うサービスである。

写真やイラスト素材を利用する場合は、素材の種類に応じて以下の点に注意する。

独自に制作した素材の場合

使用範囲はフォトグラファーやイラストレーター本人や所属事務所との契約によるが、発注時に使用目的を限定しない形で契約を行えば、一番利用範囲の自由度が高い形態となる。ただし、撮影点数や制作点数での計算や、フォトグラファーやイラストレーターの拘束時間での計算となり、最も高コストとなる。写真素材であれば、ほかにもディレクション費用やスタジオ費用が必要となる点にも注意したい。そして、当然ではあるが、既製の素材をレンタルするよりは入手に時間がかかってしまう。

ライツマネージドの素材の場合

ライツマネージドとは、必要とする素材の用途や期間を申請し利用する形式を指す。使用履歴が管理されているため、同業他社が利用していないかどうかをチェックできたり、特定の期間において特定の業種・用途の利用制限が可能な場合もある。同業他社との重複を避けたい場合に適している。利用期間・用途・範囲により金額が変わるが、コストは独自制作とロイヤリティフリーの中間程度になる。

ロイヤリティフリーの素材の場合

ロイヤリティフリーとは、事前に取り決められた使用許諾範囲内であれば、知的所有権に関する追加の使用料が発生せず、無制限に利用できる形式を指す。

図2：素材による制作事項の違い

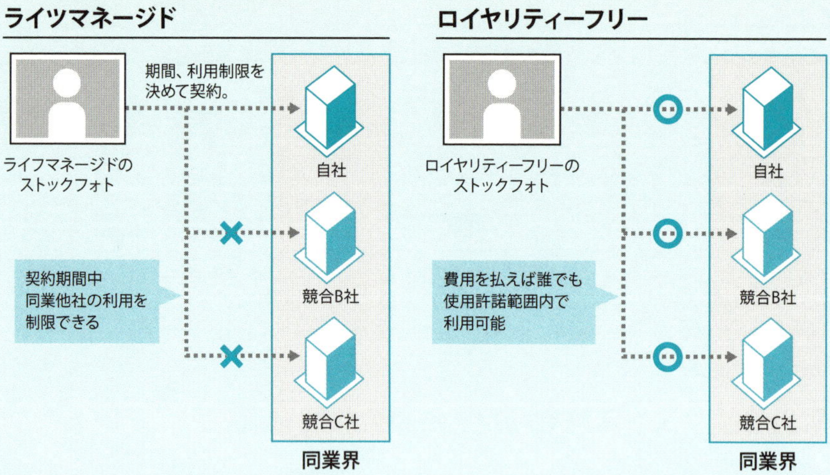
ライツマネージド
期間、利用制限を
決めて契約。
ライフマネージドの
ストックフォト
自社
競合B社
競合C社
契約期間中
同業他社の利用を
制限できる
同業界
ロイヤリティーフリー
ロイヤリティーフリーの
ストックフォト
自社
競合B社
競合C社
費用を払えば誰でも
使用許諾範囲内で
利用可能
同業界

コストは最も抑えることが可能だが、ライツマネージドの素材とは逆に、同業他社などで素材が重複する可能性がある。ストックフォトやイラスト素材ともに大量の素材があるため素材が重複することは稀であると思いがちだが、評価される素材はひと握りで、傾向の似た素材がよいと思われる傾向が強い。

商用や法人の利用を使用許諾範囲外として規制していたり、著作権やコピーライト表記を義務づけているものもあるので、使用許諾や規定について細かく確認する必要がある。

イラストレーターやモデルを起用する際の注意点

イラストレーターやモデルは人気が出ると、意図せず同業他社と起用した人が被ってしまう場合がある。独自にイラストレーターを起用してイラストを制作する場合、モデルを起用して写真撮影を行う場合は、同業他社での採用・掲載事例について確認する。併せて今後の同業他社での掲載予定や露出媒体についても確認しておくと、発注時の契約内容やコスト増になることを許容できれば、制限することも可能である。

そうした契約交渉は、所属する事務所やエージェンシーと行うことになる。ただし、所属がないイラストレーターやモデルを起用する場合はその限りではなく、そのような場合は発注者が契約内容の詳細折衝や管理を行わないとトラブルへと発展しやすいので注意が必要だ。

POINT

- ▶ 作業ファイルが必要な場合、見積もり時にその旨依頼する
- ▶ 複数媒体での利用がありそうな場合は、発注時に使用目的を限定しない形で契約することが必要

Column
未熟なデザイナーの傾向

Web サイト制作の業界はまだ 10 年少しといった業界でもあり、PC とソフトを買ってしまえばとりあえず参入できるという参入障壁の低さから、とりあえず Web デザインを始めたのが自称デザイナーがこの業界には多い。彼らはデザインを専門にやっているわけではなく、コーディングもディレクションも行うことが多く、デザインを専門に勉強しているわけでは無いので、デザインのセオリーを知らないということも多い。

経験の浅いデザイナーはデザインに対する造詣が浅く、商業デザインと芸術の区別がゆるく、自己表現としてデザインを行ってしまう傾向が強い。そのため、発注者の依頼要件を取りこぼしたり、不要な要素を入れ込んだり、デザインの手数が少ないため要望を実現できないといったことが発生しがちである。

デザインはトライアンドエラーの繰り返しながら、目的をクリアする表現を探す作業ともいえる。経験を積んだデザイナーは手を動かす前にデザインのアイデアを頭の中でシミュレーションし、そのアイデアでいけるか？というのが事前にわかるようになるが、未熟なデザイナーは実際に作ってみてどうか？　という検証を繰り返さないとなかなかゴールにたどり着けないものである。

そのため、たどり着いたゴールには苦労した分の思い入れが入ってしまい、客観的に自分の作ったものを見れず、どうしてもそれを押し通したいという自我が入ってしまいがちなのである。

Chapter 3

Section 10

Case Study

AD 不在時の体制

「3-4 アートディレクションの必要性」の内容や「3-6 完成度評価とフィードバック」の内容を踏まえて、アートディレクター不在時の体制における、フィードバックの際の注意点をケーススタディで学んでいく。

登場人物

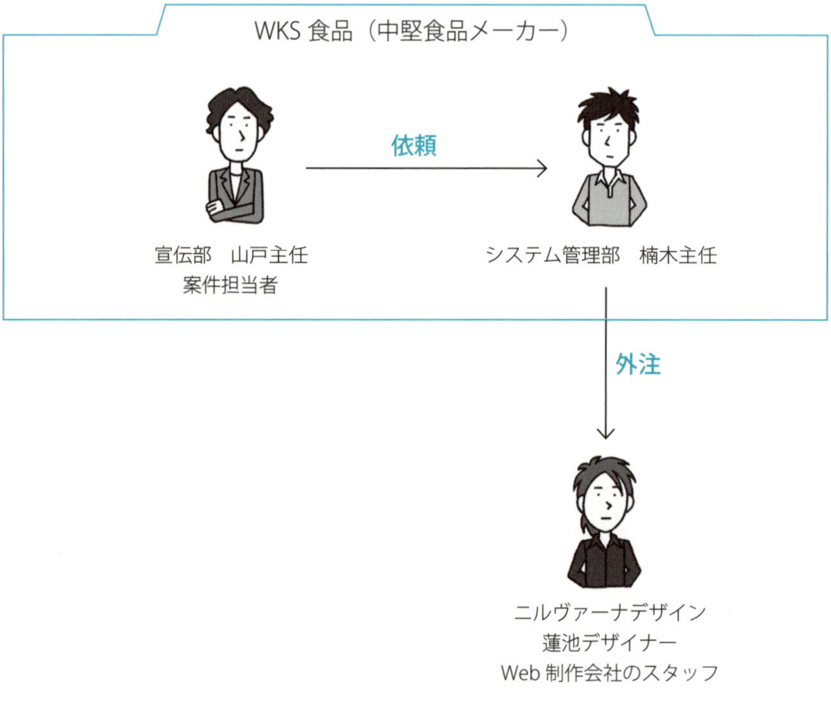
WKS 食品（中堅食品メーカー）
依頼
宣伝部　山戸主任
案件担当者
システム管理部　楠木主任
外注
ニルヴァーナデザイン
蓮池デザイナー
Web 制作会社のスタッフ

▶このプロジェクトの教訓

発注者は依頼時にプロジェクトの前提事項についての説明を省きがちである。その結果どのようなズレが生じるのかを本ケースより読み取っていただきたい。またアートディレクターがいない体制時に起こりがちな「イメージの共有がうまくいかない」「フィードバックがうまくいかない」という問題についても、どのようにしたらうまくいくのかを考えながら読み進めてほしい。

Story【ストーリー】

発注時のイメージ共有

中堅食品メーカーのWKS食品では2ヶ月後に発売する新商品のカレールー「インドカレーの匠」のブランドサイトを宣伝部主管で立ち上げることになった。WKS食品のWebサイトの統括はシステム管理部が行っているため、サポートとしてシステム管理部が入り、制作会社のコントロールをすることになった。

商品パッケージの製作がひと段落ついたころ、「インドカレーの匠」ブランドサイト構築の初回打ち合わせが行われた。参加者は、宣伝部から山戸主任、Webサイトを統括するシステム管理部からWebサイト担当である楠木主任だ。

商品パッケージはすでに完成しており、商品の写真素材や商品開発にあたっての世界観、ターゲットユーザーなどに関するドキュメントは揃っていた。しかし、用意されている素材自体は、商品ロゴと商品写真が1点、そしてパッケージの画像データがあるのみ。クリエイティブコンセプトのような資料は特にない状態だった。

宣伝部
山戸主任

パッケージはほぼ完成しているので、それを元にサイトを展開すれば大きな問題はありませんよね？

楠木主任

そうですね。売り場で目立つようにインドっぽい雰囲気が強いパッケージなので、サイトの方はもう少し間口を広げるように、テイストの調整が必要かもしれません。あとはコンテンツですが……

宣伝部
山戸主任

一般に浸透度の高いインドカレーのレシピを入れることで間口を広げようと思っています

現在のカレールー市場は、ほぼすべての商品が、小麦粉を使用する欧風カレーとなっている。タマネギとトマトとスパイスをベースとして小麦粉を使用しないインド風のカレールーは、インドカレーに対する敷居の高さもあって、商品が少ない。「インドカレーの匠」は、本格インドカレーと従来の欧風カレーの中間で「インドカレーの入門」のポジショニングを狙う、戦略的な商品である（195ページ、図1）。

そのため、プロモーションでも極端なインド色は出さず「手軽に作れるマイルドなインドカレー」という方向性でプロモーションを行うことが社内会議で決定された。Web サイトのコンテンツも、一般になじみ深いバターチキンやキーマカレーのレシピ、日本の季節の素材を使ったレシピなどを掲載する方向で進めることになった。

「ポップなインドカレー」の解釈

楠木主任は、取引実績のある 2 社の制作会社に声をかけ、2 社から出てきた見積もりと納期を比較して、ニルヴァーナデザインという 8 名ほどの小規模制作会社に依頼することにした。

ニルヴァーナデザインは、小規模の案件を素早く作らなければいけないような場合に重宝する制作会社だ。分業化はあまりされておらず、ディレクションもデザインもコーディングもみんながやるという体制で、スピード感がある。その反面、専門性が低く、デザインの細かいツメが甘いという特徴があった。ニルヴァーナデザインとの打ち合わせで、楠木主任は商品をひと通り説明した後、次のようにデザインの依頼をした。

渡せる素材はパッケージで使っている商品ロゴと商品写真、パッケージの画像データ一式、あとは商品開発時の商品コンセプトをまとめた資料です。基本的にはパッケージの世界観を壊さないような Web サイトにデザインしていただければと思いますが、パッケージはインドのテイストが若干強いので、もう少し和らげるというか、間口を広くアピールできるものにしていただきたいですね

楠木主任

ニルヴァーナ
デザイン蓮池

確かにインドカレーというと『激辛』とか『本格派』という硬派なイメージもあるから、もう少しポップにする感じですかね？

まあ、ポピュラーという意味で、ポップにしてほしい、とは言えますね…

楠木主任

と伝えた楠木だったが、打ち合せ中にニルヴァーナデザインの蓮池が無類のインドカレー好きということがわかり、その後は大いに盛り上がった。

ムードボードでズレを埋める

打ち合わせから 1 週間後、ニルヴァーナデザインから提出されたデザインは、極彩色のバックグラウンドにヒンディーとおぼしき外国語が並び、インド料理店

に流れるミュージックビデオのような世界観だったため、楠木主任は面食らってしまった。ニルヴァーナデザインの蓮池がインドカレー好きということで安心していたが、よりコアなインドマニア的な方向にズレてしまったようだ。

楠木主任は急遽、再度デザインの要件を伝える打ち合わせを開いた。言葉では誤解がより広がる可能性があったため、初期段階で魅せないままでいた商品のポジショニングマップ（図1）以外に、新たにムードボードを作成し、イメージのズレについて説明した（196ページの図2）。

図1：商品とデザインのポジショニング

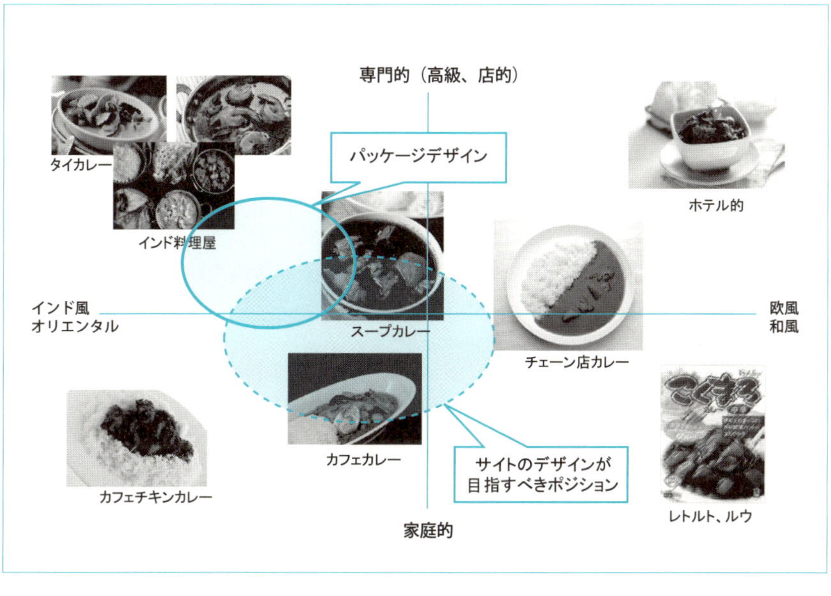

図2：ムードボードでイメージのズレを説明

ニルヴァーナ
デザイン蓮池

なるほど、そっち方向でしたか。すっかり勘違いしていました。なんというか『カフェで出てきた意外と本格派なチキンカレー』みたいな方向ですよね

とばつが悪そうに答えた。言葉にできなかったイメージを蓮池が的確に表現してくれたことで、今回は意図が伝わったことを確信できた楠木主任であった。

☛ 指示した通りのデザイン…

再度ニルヴァーナデザインから提出されたデザインは、方向性はほぼ問題なくなっていた。しかし、アイキャッチとなる画像のサイズがバラバラだったり、妙な余白があったり逆に狭かったり、完成度としてはもう一歩であった。楠木主任は、方向性も含めて宣伝部に確認を依頼したところ、修正の依頼が戻ってきた。そこに楠木主任が気になるポイントを追記する形で、修正依頼をニルヴァーナデザインに戻した（図3）。

その結果上がってきたデザインは、余白の幅や写真のサイズは整ったものの、ボタンの赤色は場違いで、タイトル周りの虎もやけに目立ってしまいバランスが崩れていた。ニルヴァーナデザイン側で考えた形跡がほとんどない仕上がりであったため、楠木主任はさらに細かく指示を行った。

その後、修正の回数を重ねるたびに、上がってくるデザインは楠木主任の指示通

図2の写真クレジット／lunapiena/Shutterstock.com, b_mcq/Shutterstock.com, bonchan/Shutterstock.com, Joe Gough/Shutterstock.com, Paul Cowan/Shutterstock.com, deepblue-photographer/Shutterstock.com, Teng Wei/Shutterstock.com, 29september/Shutterstock.com

図 3：修正指示書

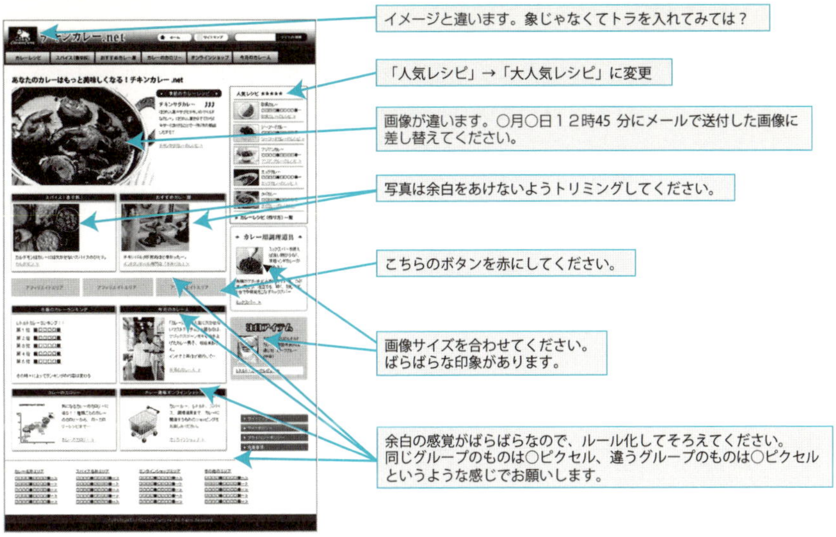
イメージと違います。象じゃなくてトラを入れてみては？
「人気レシピ」→「大人気レシピ」に変更
画像が違います。○月○日１２時45 分にメールで送付した画像に差し替えてください。
写真は余白をあけないようトリミングしてください。
こちらのボタンを赤にしてください。
画像サイズを合わせてください。ばらばらな印象があります。
余白の感覚がばらばらなので、ルール化してそろえてください。同じグループのものは○ピクセル、違うグループのものは○ピクセルというような感じでお願いします。

りで何のひねりもないものなっていった。

「いったいどちらがデザインをしてるのかわからない」楠木主任はそう思いながらも、度重なる修正の末、何とかまとめることができた。しかし宣伝部の不満は、プロジェクト完了後の言葉ににじみ出ていた「次に依頼するときはもっとデザイン力のある会社にしていただけないか」

▶ Analytics【分析】

このケースの課題は、依頼時と修正指示時の 2 つある。依頼時の課題は後に自己解決しているが、「ポップ」という言葉の解釈の違いによるミスリードである。

修正指示時の課題は、修正指示にアートディレクションの指示を混在させてしまった結果、デザイナーが考えなくなってしまったことだ。どのような点が問題だったのかポイントごとに見ていこう。

●依頼時の課題

「2-1 発注者／制作者の依頼コミュニケーション」でも書いたが、依頼者（このケースでは楠木主任）は依頼内容に関する情報を豊富に持っており、さまざまな場面で何度も検討を重ねているため、関係情報や前提事項について説明を省きがちである。社内会議で話し合われた「手軽に作れるマイルドなインドカレー」というプロモーションの方向性についてもドキュメント化されておらず、制作者に伝わっていない。

それに比べ、制作者（このケースではニルヴァーナデザインの蓮池）はこのプロジェクトの教訓事項や情報をほとんどど持っていないため、目の前の言葉に敏感に反応する傾向にある。

その結果「ポップ」という言葉の解釈が大幅にズレたのである。このケースはフィクションのためいささか大げさに書いているが、実際のプロジェクトでも、このような言葉の解釈のズレが重なった結果として、成果物に大きなズレが生じることが多々ある。

このケースでは楠木主任がいち早く状況を察知してムードボード及びポジショニングマップを使っているが、クリエイティブのイメージ共有においてムードボード及びポジショニングマップは有効な手段である。これらを作る時間がない場合は、打ち合わせ時に参考となる Web サイト見ながら方向性を検討していくのも有効な方法である。

●修正指示時の課題

修正指示書にあった内容は、次のように分類できる（「3-4 アートディレクションの必要性」図 4：アートディレクションの領域を知る）。

1. アートディレクション
    - ページ内のボタンを「赤に」という指示
    - タイトル周りの象の装飾に「イメージと違います。象じゃなくてトラを入れてみては？」という感想

Case Study

2. 表現方法に関する要望・指摘
   - 「画像サイズを合わせてください」という指示
   - 余白の間隔をピクセル単位でそろえさせる指示
3. 要件達成に関する指示・要望・指摘
   - ラベル修正の指示
   - 写真を差し替えさせる指示

デザイン自体に正解がないように、デザインの修正指示にも正解は１つではない。だが「どのような表現方法にするか？」というデザインを考える部分（アートディレクション）について明確に担当を線引きしておかないと、このケースのようにどちらがデザインしてるのかわからなくなる。

デザイナーは、ある程度試行錯誤した結果としてデザイン成果物を提出している。デザインに修正を入れるには、なぜ適切でないかという理由が必要となる。理由がなければ、再び修正前のデザインにたどり着くだけだ。

いつもタバコを吸っている人に「タバコはダメだよ」と注意しても、しばらくしたらまた吸ってしまう。タバコはなぜダメなのか？　本人が納得する理由がなければ、続けていた習慣は変わらない。それと同じことなのだ。

ページ内のボタンを「赤に」というような明確な指示は、デザイナーにとって深く考えずにその通り実行するのが手っ取り早い解決手段となってしまう。十分な経験があったり機転が利くデザイナーであれば、なぜ「赤に」という指定なのか？　決して「赤がよい」わけではなく、強調させたい、もっと目に付かせたいというだけかもしれない。だとしたら赤以外でもっと適切な表現がある、と考えるだろう。この場合は「このボタンをもっと強調したいので、デザインを提案いただけませんか？」というようにデザイナー側に意図を伝え、表現方法の提案を持ちかける方法がよく取られる。

同様に、タイトルまわりに入った象のイラストに対する「イメージと違います。トラを入れてみては？」というフィードバックも同様に指示に近い。「タイトルまわりはもうすこし落ち着いたものにしたい。色はアーシーカラーなどのようなものでまとめたい。象のイラストは、異国情緒がありすぎるように思います。何案かご提案ください」というフィードバックはどうだろうか。ただし、あらゆる内容に何案も求めることも余計な工程となる場合があるので、ディスカッションで結論を出せればそれに越したことはない。

Chapter 3

Section 11

Case Study

ステークホルダーに見せるべきタイミング

「3-7 ステークホルダーによる承認完成」の内容を踏まえて、重要なステークホルダーに承認や確認をとるタイミングについての注意点をケーススタディで学んでいく。

登場人物

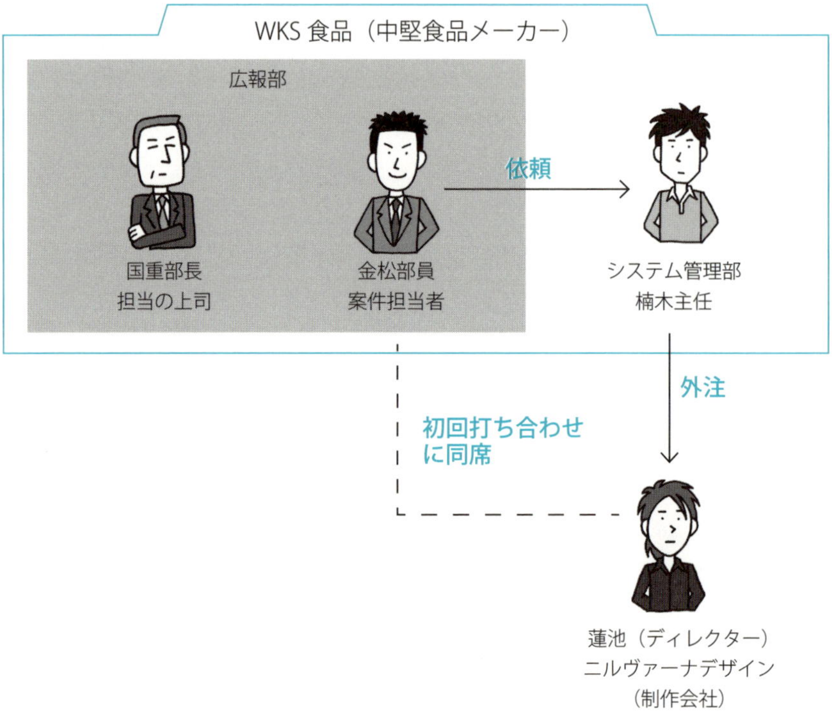
WKS 食品（中堅食品メーカー）
広報部
国重部長
担当の上司
金松部員
案件担当者
依頼
システム管理部
楠木主任
外注
初回打ち合わせ
に同席
蓮池（ディレクター）
ニルヴァーナデザイン
（制作会社）

▶このプロジェクトの教訓

重要なステークホルダーである承認者との認識のズレは、プロジェクトに致命的なダメージを与えることが多い。認識のズレは判断を仰ぐタイミングを間違うことで起こりやすい。承認者の参加、承認のタイミングはどの時点で行うのが適切か、またどのようにしたら早い時点でズレを修正できるかを考えながら読み進めていただきたい。

Story【ストーリー】

担当変更とリニューアル

中堅食品メーカーである WKS 食品の Web サイトに掲載されている知識系コンテンツ「WKS 食品をもっと知る」は、カレーやシチューに関する歴史や豆知識、子供向けコンテンツ、工場紹介や、安全への取り組みなどで構成された、一般消費者向けに会社を案内するコンテンツである。グローバルナビゲーションにも掲載されている。調査したところ、このコンテンツは「取っ付きにくい印象」と受け取られていたため、親しみやすくリニューアルすることになった。

「WKS 食品をもっと知る」は、3 年前に Web サイトをフルリニューアルした際に追加された。広報部より毎月 1 回ずつ更新され、新たな企画が年に 1 回追加されるという形でコンテンツの拡充が図られてきた。

従来の担当者が異動したため、後任に就任したのが広報部の金松部員である。金松部員はこれまでも広報部であったが、Web サイトについてはあまり関わったことがなかった。手始めに、前任者が計画していたリニューアルを行うことにした。

これまでは基本的に会社の取り組み紹介として堅いトーンで作ってきたが、調査したところ、文字が多いためあまり読まれておらず、取っ付きにくいコンテンツと受け取られていた。このため、全体にもっと親しみやすいデザインや内容にリニューアルする方針に決めたのである。

これまでの更新作業などでは、広報部が外部の制作会社と行ってきたが、新任の金松部員は Web サイト制作の経験が不足していた。そのため、Web サイト全体を統括しているシステム管理部が、サポートとして参加することになった。

プロジェクトの立ち上げ

早速、広報部の国重部長と金松部員、システム管理部の楠木主任が集まり、プロジェクトのキックオフが行われた。

広報部
国重部長

金松君はまだ若く、前任者のように Web の経験があるわけではないけど、やる気はあるからよろしく頼むよ

金松部員

すみません、Web サイト作りは経験がないので、制作会社とのやり取りなどはシステム管理部にお願いできればと考えています

毎日そういう相談ばかりですから任せてください

楠木主任

キックオフはお互いの顔合わせを行い、終了した。

金松部員と楠木主任は、対象となるページ数や課題点を洗い出し、大枠のリニューアルプランを立てた。その後、金松部員は各コンテンツの構造を見直し、バラつきを調整し、関連部門に問い合わせた。楠木主任の役割分担は、制作会社を選定することだ。選定の結果、取引の実績のあるニルヴァーナデザインに、デザインと HTML コーディングを依頼することになった。

デザイン依頼

ニルヴァーナデザインとの初回打ち合わせには、金松部員と楠木主任、ニルヴァーナデザインから蓮池ディレクターが参加して行われた。

このコンテンツは、普段なかなか知る機会がない WKS 食品の取り組みを、楽しみながら知ってもらうものです。なのであんまり堅い感じではなく、楽しい雰囲気に変更したいんですよ

金松部員

ニルヴァーナ
デザイン蓮池

なるほど。コンテンツは一通り見てきましたが、今のサイトだとそのあたりのトーンが堅いですよね

そうなんです。特に、全体的に文字ばっかりなので、文章量を少し減らして写真やイラストを入れ、見やすくしたいと思ってます

金松部員

楠木主任が口を挟む間もなく、金松部員は思いの丈を蓮池ディレクターに伝えた。その後、サイト構造などの話をし、打ち合わせは終了した。

ビジュアルコンセプトの提案

ニルヴァーナデザインとの打ち合わせの 2 週間後、金松部員と楠木主任の元にスケジュールとともに簡単なビジュアルコンセプトが送られてきた。ビジュアルコンセプトは、親しみやすさを打ち出すために、全体にイラストを使用する方向性のものであった。「WKS 食品をもっと知る」のトップページサンプルを、方向

性を変えたイラストで 3 案ほど作成し、絞り込む提案内容だった。

楠木主任が電話でニルヴァーナデザインに確認したところ、写真を使った案も検討されたが、会社紹介のページのように堅くなってしまうため、イラストでいくつかの方向性を検討したほうがよいのではないか、とのことだった。金松部員も楠木主任も特に異論はなく、イラストを使った案で進めることにした。

☛ 決裁者承認なしの進行

1 週間後、楠木主任に宛て、ニルヴァーナデザインから提出された「WKS 食品をもっと知る」トップページのビジュアルサンプルは 2 案あり、それぞれに 3 人のイラストレーターのサンプルをはめ込んで計 6 パターンとなった。楠木主任の見たところ、クオリティに問題はなく、要件を反映して楽しげな雰囲気のデザインとなっていた。

楠木主任から金松部員にデザイン案の決定を依頼したところ、拍子抜けするぐらい早く決定案と採用するイラストレーターについての返事が届いた。国重部長は 1 週間の出張で確認ができないため、金松部員が決めたとのことであった。楠木主任は国重部長が確認していないことに一抹の不安を感じたが、時間がないため、金松部員の決めた案で進めることにした。

☛ 承認者よる案の見直し

楠木主任の不安は的中した。イラストを採用した「WKS 食品をもっと知る」のトップデザインが上がってきたが、国重部長が「イラストだと会社の取り組みを伝えるのにトーンがそぐわないのではないか」と言いはじめたと、金松部員から報告があったのだ。

金松部員によれば、文字量を減らしてわかりやすいものにする方向性は問題ないが、会社の取り組みをキチンと伝えるには、写真を使うべきではないかということだった。国重部長が考えていたのは、「イラストを使って楽しく伝える」という方向性ではなく、文字ばかりだったところに「写真を入れてわかりやすくする」という方向性だったことがわかった。

しかし、すでにトップページ用のイラストは描き終えてしまっている。これから写真を使うよう変更するとなると、イラスト費用がすべて無駄になってしまうばかりか、デザインも作り直す必要があるかもしれない。楠木主任は、事前に国重部長の意向を確認しておかなかったことを悔やんだのだった。

Case Study

Analysis【分析】

このケースは、決裁者の判断を仰ぐタイミングを誤ってしまった例だ。プロジェクト中に重要な判断や選択をする場合には、後戻りできる状態で、かつ論点を整理したうえで、決裁者に判断を仰ぐ必要がある。どのような点が問題だったのか、ポイントごとに見ていく。

キックオフ

キックオフは、広報部とシステム管理部の顔合わせで終了している。しかし、本来はプロジェクトの概要や目的に触れておくべきである。キックオフは、プロジェクトの決裁者も含めた主要メンバーが全員集まるよい機会である。決裁者はすべての打ち合わせに参加するわけではない。キックオフでは、プロジェクトの目的や決裁者の考え方を確認しておく必要がある。

イラストで進めることの確認

ビジュアルコンセプトで大きな方向性である「イラストの採用」が制作会社から提案されているが、そのような大きな方向性の決定については、決裁者に確認を仰ぐべきである。さらに決定が覆るとコストが発生する場面では、その旨を伝えたうえで判断を仰ぐ必要がある。

その際に、実物がないとイメージがわかないからといって、最終的なデザインが上がってきてから決裁者に仰ぐことがある。実際に細かくデザインを詰めてから確認すると判断が覆った場合にコストやスケジュールが膨らむリスクが高いので、デザインの考え方や目指していること（ビジュアルコンセプト）を、参考サイトやラフデザインなどで確認するのが有効である。

このケースの場合は、イラストか写真かという選択肢を、参考サイトやラフデザインを使って承認者に確認をしておくべきであったのだ。

プロセス自体の承認

このケースではビジュアルデザインを「イラストの方向性で 3 案から決める」というプロセスが提示されているが、なぜそのプロセスを踏むのかという意図とともに、プロセス自体を共有しておく必要がある。有効な決定プロセスでなければすべてが否定されてやりなおしとなる。

決裁者との共有理解において重要なのは、判断を仰いだという事実を作ることではなく、やろうとしていることの論理的な理解と、決定した方向性に対する協力意思を築くことである。

☛ ビジュアルデザイン案の確認

不在だからという理由で、決裁者抜きでデザインを決定してしまうのは大きな問題だ。このケースではイラスト案自体が否定されているが、仮にイラスト案で進めることになっていたとしても、イラストレーターの決定において決裁者の判断を仰ぐ必要がある。全体の方向性が決まってしまい、後戻りが難しくなってしまうからだ。

もう一点問題なのは、国重部長のスケジュールを事前に確認しておかなかった点だ。ビジュアルデザインの提出も、出張も、事前にわかっていたはずである。後戻りが困難な決断タイミングに関しては、制作会社とも相談し、スケジュールを確保しておく必要がある。

☛ 気が付くポイントを見逃している

ここまでで解説してきたように、このケースではキックオフ時、ビジュアルコンセプト提出時、ビジュアルデザイン提出時と、国重部長の考えとのズレに気がつくポイントが3回あったはずである。いずれの場面でも国重部長に判断を仰いでいないが、このようなことは担当の人間が「特定の案で進めたい」と強く考えている場合に起きがちである。

☛ クリエイティブコンセプトがない

このようなケースは、クリエイティブコンセプトを作っている余裕のないプロジェクトで起きがちである。国重部長が考えていた「文字ばかりだったものを写真を入れてわかりやすくする」という注文は、まさしくクリエイティブコンセプトだが、このコンセプトをメンバーが共有できていなかったために問題が起きた。

クリエイティブコンセプトを作るスケジュールも予算もスキルもない場合には、コンセプトについて誤解のないよう、せめて事前に関係者間ですり合わせた内容をドキュメントにして回覧するなどの確認を怠らないよう注意すべきである。

Appendix

巻末資料

Web デザイン受発注関連ドキュメント

1. 提案依頼書（RFP）

→ Chapter 2-3

＜案件名＞ 提案依頼書

年　月　日

〇〇株式会社　〇〇事業部
担当：
〒
東京都〇〇
TEL　　　　　　　　FAX

1. プロジェクトについての説明

1.1 プロジェクト名称	
1.2 プロジェクトの概要	
1.3 プロジェクトの目的とゴール	
1.4 プロジェクトの進捗状況	
1.5 プロジェクトの課題	
1.6 想定している競合	
1.7 ステークホルダー	
1.8 想定ターゲット	

2. ビジュアルデザインの要件

2.1 現状のビジュアルデザインについて

2.2 ビジュアルデザインによって何を達成するのか？

1/2

Appendix

3. 成果物

3.1 作業範囲と想定ボリューム	作業範囲： 想定ボリューム： ○P 程度。予定ページ構成は別途資料参照。
3.2 最終成果物や納品形式	最終成果物： 納品形式：
3.3 中間成果物	
3.4 見積もり提出時の添付資料	
3.5 イラスト、写真の利用条件	

4. 制作における前提条件

デザイン上の制限/規定	
支給物・素材など	

5．スケジュール・予算

公開日・納品日	公開希望日　5月20日　火曜日（午前・午後）　時　分公開希望 納品希望日　5月19日　月曜日（午前・午後）　時までに納品希望 公開・納品に関連する情報：
確認に必要な時間	クリエイティブチェック時に中　日。それ以外は中　日必要
予算	

6．備考

2/2

2. クリエイティブコンセプト

→ Chapter 3-1

クリエイティブコンセプト

・以下の2点をクリエイティブの軸とします。

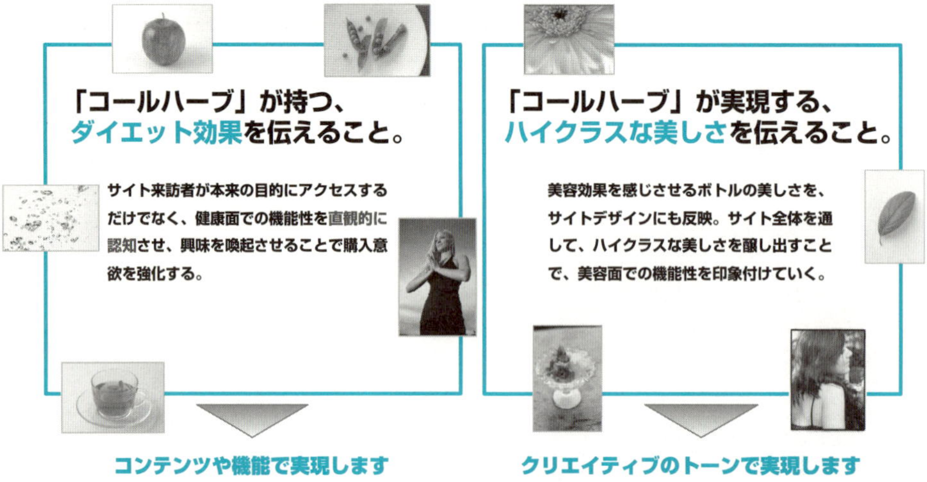

「コールハーブ」が持つ、ダイエット効果を伝えること。
サイト来訪者が本来の目的にアクセスするだけでなく、健康面での機能性を直観的に認知させ、興味を喚起させることで購入意欲を強化する。
コンテンツや機能で実現します
「コールハーブ」が実現する、ハイクラスな美しさを伝えること。
美容効果を感じさせるボトルの美しさを、サイトデザインにも反映。サイト全体を通して、ハイクラスな美しさを醸し出すことで、美容面での機能性を印象付けていく。
クリエイティブのトーンで実現します

クリエイティブコンセプト

心地よい住空間を伝える「家族のぬくもり」

■デザインのポイント

- **家族が集う場所、ぬくもり感を演出するトーン＆マナー**
- **ブランドイメージの統一感（米国サイトとの親和性）**
- **中高年を含む幅広い利用者を対象とした視認性の高いテキストレイアウト**

主に上記の3つのポイントに注力します。

3. ムードボード

→ Chapter 3-1

「Natural & Beauty」写真クレジット ＝ discpicture/Shutterstock.com, Subbotina Anna/Shutterstock.com, kuleczka/Shutterstock.com, Atiketta Sangasaeng/Shutterstock.com

4. クリエイティブコンセプトとビジュアルコンセプト

→ *Chapter 3-1*

5. ビジュアルデザインとコンセプト

→ Chapter 3-2

project name： ワークスコーポレーションリニューアルプロジェクト　title： ビジュアルデザイン　date：　page： 01

1. クリエイティブコンセプト

デジタルモダン技術をわかりやすく発信

■ビジュアルコンセプト

- **CG、DTPの持つモダンで洗練された雰囲気を表現する。**
- **版元としての安心感、信頼感を醸し出す。**
- **書籍情報が一番に目に入ってくるような抑えたトーン**

主に上記の3つのポイントに注力しています。

■トーン＆マナー

トーン＆マナー(「雰囲気」などの感性的なコミュニケーション)としての方向性を提示します。
現在のコーポレートカラーをメインカラーとした配色で担保している印象（カジュアルな、行動的な…等）はそのまま引き継ぎますが、今回のリニューアルにあたり **"モダンな、洗練された、スマートな"** といった、**CG、DTPのもつ「モダンで洗練された雰囲気」** を演出できるトーンを新たに追加しています。
また版元という性質上、安心感、信頼感を感じさせるトーンをアクセントカラーとして採用します。

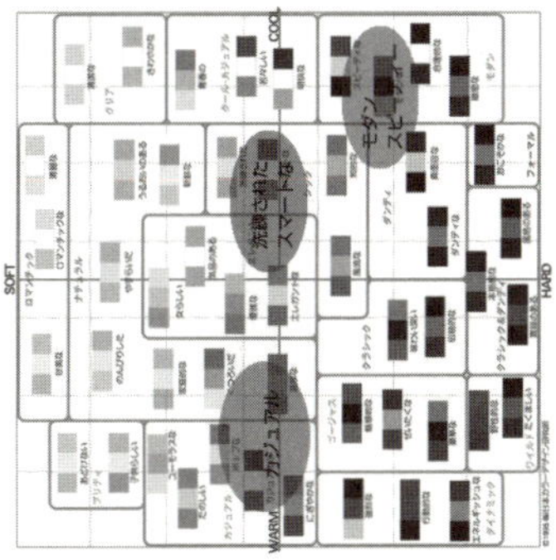

・メインカラー　＋　・アクセントカラー

カジュアル、行動的、**モダンな、洗練された、スマートな**

安心感、信頼感

■書体

・**「モダン、洗練」** を体現する「ゴシック体・サンセリフ体によりすべてを構成します。
・より強調したいメッセージ、スローガン等には、ウエイト(太さ)やサイズ、書体のバリエーションを用いることにより、メリハリのあるデザインレイアウトを実現します。

新ゴシック (新ゴL,R,M,B,H,U)

あア安

あいうえおかきくけこさしすせそ
私たちはKDDIエボルバです。

ゴシックMB101(proL,R,M,B,H,U)

あア安

あいうえおかきくけこさしすせそ
私たちはKDDIエボルバです。

Helvetica Neue (57Condensed, 55Roman, 53Extended)

Typogr

ABCDEFGHIJKLMNOPQRSTUVWXYZ
abcdefghijklmnopqrstuvwxyz0123456789

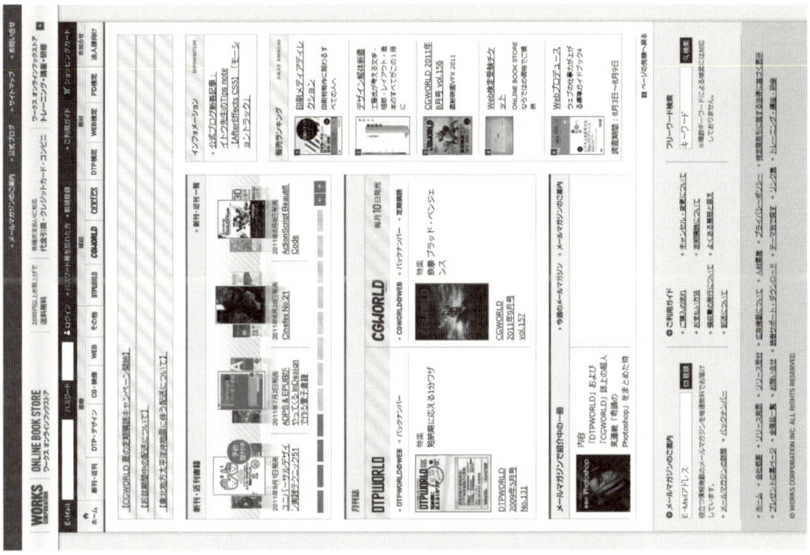

6. イメージのポジションマップ

→ Chapter 3-2

→ Chapter 3-10

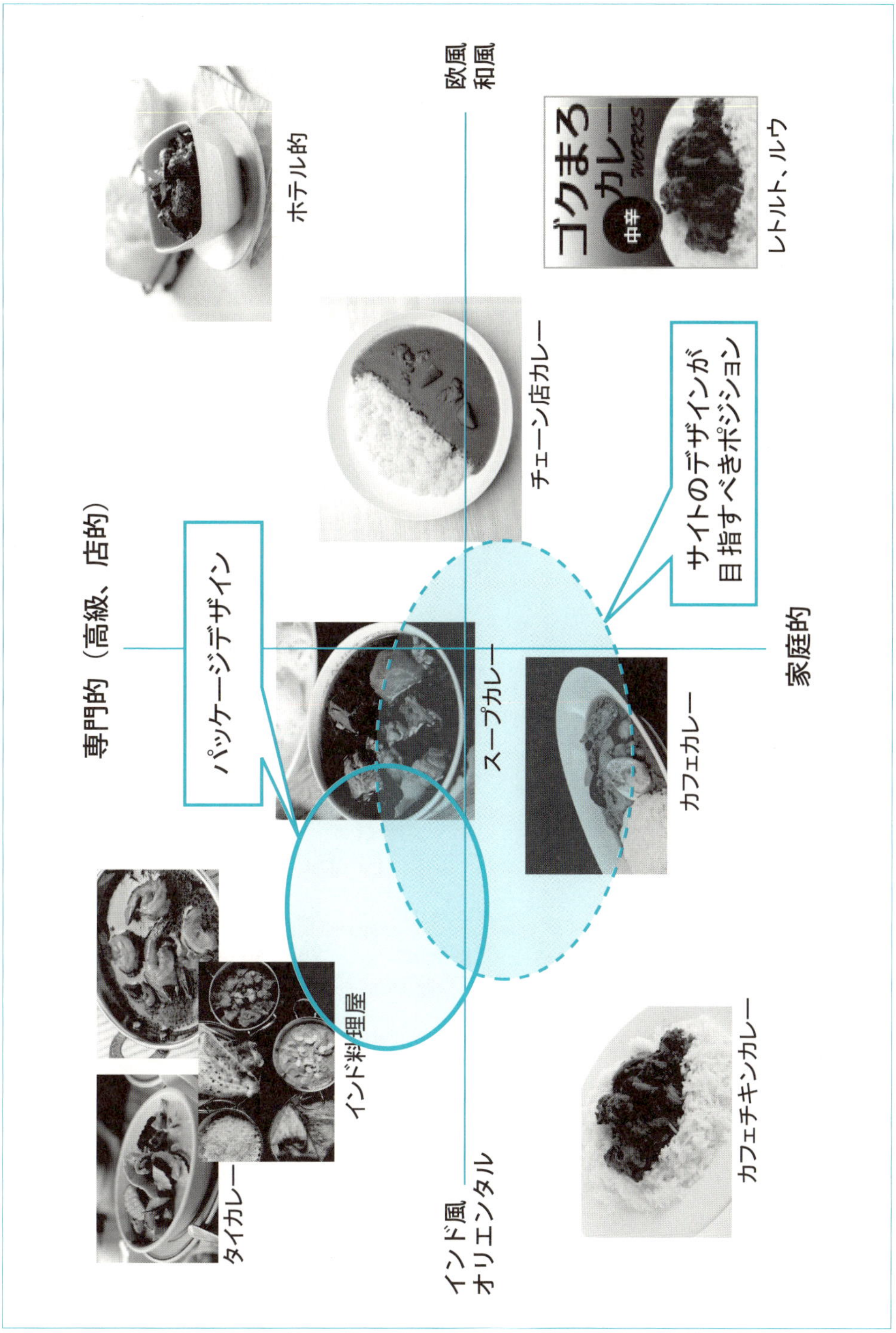

専門的（高級、店的）
家庭的
欧風
和風
インド風
オリエンタル
ホテル的
ゴクまろカレー
中辛
レトルト、ルウ
チェーン店カレー
サイトのデザインが
目指すべきポジション
パッケージデザイン
スープカレー
カフェカレー
インド料理屋
タイカレー
カフェチキンカレー

7. 運用・更新マニュアル

→ Chapter 3-8

1.　フォントの基本設定

1.1.1　フォント設定［通常用］（Adobe Photoshop CS2）

■日本語

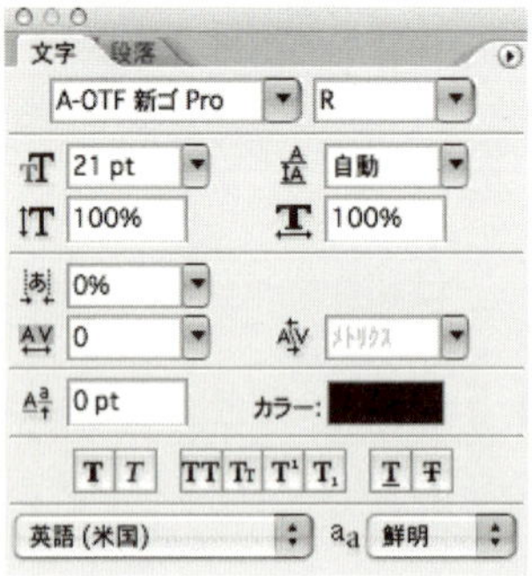

フォント	新ゴ R
フォントサイズ	21pt
行送り	自動
水平比率	100%
垂直比率	100%
カーニング	メトリクス
文字ツメ	0%
トラッキング	0
ベースラインシフト	0pt
カラー	#3f2b11
アンチエリアス	鮮明

■英数字（&, %などの記号も含む）

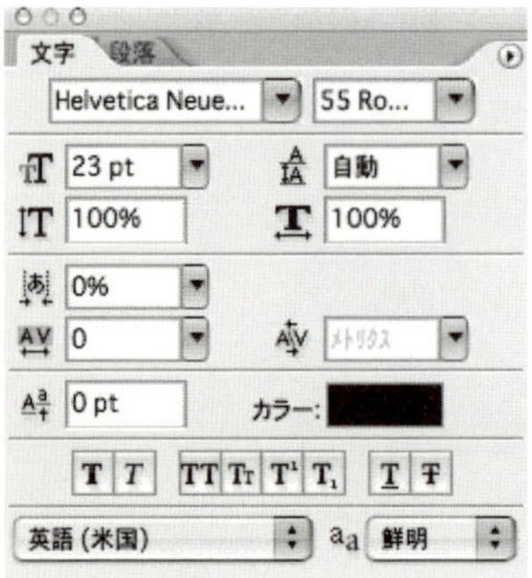

フォント	Helvetica Neue 55 Roman
フォントサイズ	23pt
行送り	自動
水平比率	100%
垂直比率	100%
カーニング	メトリクス
文字ツメ	0%
トラッキング	0
ベースラインシフト	0pt
カラー	#3f2b11
アンチエリアス	鮮明

1.2 サイズ・マージン

1.2.1　通常用

ワークスコーポレーション
20px

縦幅：20px／横幅：文字の長さに準じる（635px 以内）

1.2.2　目的で探す用

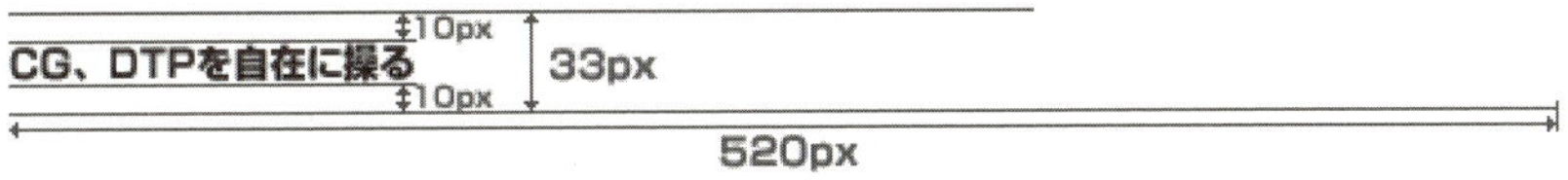
10px
CG、DTPを自在に操る
10px
33px
520px

縦幅：33px／横幅：520px／文字の上下マージン：10px

1.3 サービスロゴ

サービスにロゴがある場合は、H1 右横（ボディエリア右揃え）にサービスロゴを配置すること。以下は基本サイズであるが、ロゴによっては同面積でも他と比較して大きく見えてしまう場合があるため、適宜調整すること。

1.3.1　サイズ

WORKS ワークス不動産
17px

縦幅：文字部分を基準に 17px

1.3.2　ファイル名

logo_index.gif

1.3.3　配置ディレクトリ

適用する HTML ファイルが配置されているディレクトリ直下の"image"ディレクトリに配置すること。

ex.) /ez_channel_plus/image/logo_index.gif

7. 運用・更新マニュアル（続き）

→ Chapter 3-8

2　キャッチコピー

2.1　概要

2.1.1　作成手順

1. Adobe Photoshop（CS2 以上）で以下のテンプレートファイルを基に作成する。
   ［イラスト版］→illust_template.psd
   ［写真版］→ photo_template.psd
   ［文字版＆目的で探す用］→template.psd
2. 「フォントの基本設定」に則って作成する。
3. 文字版＆目的で探す用の場合は各作成方法に則ってスライスする。
4. .jpg 形式(品質 70%)で書き出す。

2.1.2　ファイル名

catch_適用ファイル名.gif

2.2　キャッチコピーサンプル

ワークスは、新しい価値を創造します。

Dudarev Mikhail / shutterstock.com

テキストカラー

■テキストカラー	#333	
■強調のテキストカラー	#ff0000	
■テキストリンクの色	#0066cc	
・マウスオーバー時	#0066cc	
・既読	#6699cc	
・下線の有無	通常時：無　マウスオーバー時:有	
■注釈	#666	

ナビカラー

■テキストカラー	#333	
■テキストリンクの色	#333	
・マウスオーバー時	#00B050	
・下線の有無	通常時：無　マウスオーバー時:有	

見出しカラー

H1・H2	#000000	
H3	#00B050	
H4	#604c36	
H5	#666	

※2 カラムなどの BOX 内見出しはレベルにかかわらず通常は、#000000、強調 BOX は#76b1f に固定

8. エレメントリスト

→ Chapter 3-8

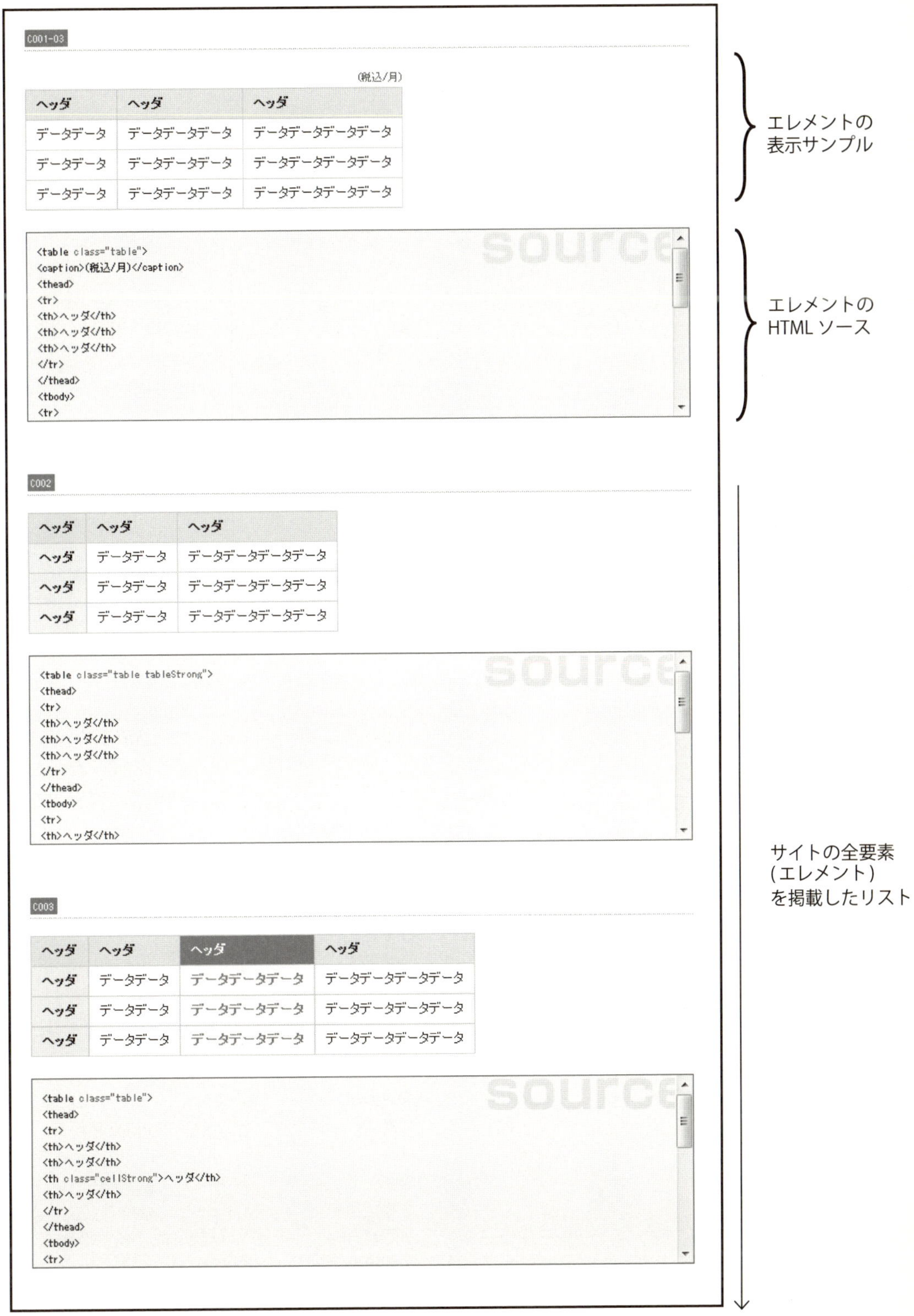
C001-03
(税込/月)
ヘッダ ヘッダ ヘッダ
データデータ データデータデータ データデータデータデータ
エレメントの
表示サンプル
source
<table class="table">
<caption>(税込/月)</caption>
<thead>
<tr>
<th>ヘッダ</th>
<th>ヘッダ</th>
<th>ヘッダ</th>
</tr>
</thead>
<tbody>
<tr>
エレメントの
HTML ソース
C002
<table class="table tableStrong">
<th>ヘッダ</th>
C003
<th class="cellStrong">ヘッダ</th>
サイトの全要素
(エレメント)
を掲載したリスト

Index

Appendix

おわりに

「こちらのイメージが漠然としている時に、参考としてちょっとでも共通点を感じる視覚的なサンプルをわたすと、デザイナーがそれに縛られすぎて広がりがなくなることが何度もある」

これは知り合いのWeb担当者がTwitterでつぶやいていた言葉である。このつぶやきを受ける形で「デザイン依頼の方法論～WEB担はどこまでデザインの指示を出すべきなのか！？～」という仲間内の勉強会を開いたのだが、その勉強会のドキュメントをブログに載せていたところ、本を書く話へと繋がっていった。これが、この書籍の馴れ初めである。

この勉強会では、デザイナーとWeb担当者のやり取りではなく、アートディレクター不在時の体制について取り上げた。本書でも紹介しているが、ビジュアルデザインの方向性を決めたり修正するのがアートディレクターで、方向性に沿う具体的な表現方法の模索を行うのがデザイナーである。漠然とした状態から具体的なビジュアルデザインの方向性を導く人がおらずプロジェクトのマネジメントに問題がある場合、プロジェクトはうまくいかないのでは？ということが確認できた。

上手くいかない時、Web担当者はデザインの技術面やデザイナーとのコミュニケーション面に目がいきがち。けれども、どんなに斬新なデザインができるデザイナーと密にコミュニケーションを取ったとしても、うまく生かすような環境を整えなければデザイナーが力を発揮することはできない。

問題は2つある。プロジェクトの目的の立て方／体制の組み方／予算配分のやり方などの「デザインを始める前の問題」と、依頼の方法／イメージの伝え方／フィードバックのやり方、デザイナーのスキルなどの「デザインを始めた後の問題」である。どちらも非常に重要な問題なので、本書では後者だけでなく、前者のデザインを始める前の問題についても取り上げた。デザインを始めるまでにプロジ

Appendix

ェクトがたどってきた道のりに問題があれば、どんなに優れたデザイナーでも駄作を作ることになるからである。

デザインをしたことがない多くの人にとって、デザインが形づくられる工程は、謎めいたブラックボックスのようなものに映るかもしれない。しかし、ビジュアルデザインは「万能の魔法」ではなく「普通の道具」である。道具として活用するためには、利用法や強み・弱みを正しく知ることが重要だ。

ビジュアルデザインを道具として有用に使うために「デザインを知る」ということを主眼に書いた本書は、明日から即活かせるTIPSをまとめたものではない。しかし、私が自分の経験の中で積み重ねてきた、プロジェクトマネジメント的な観点による、デザインを有効に活用するための考え方やフレームを紹介したつもりだ。ビジュアルデザインづくりが上手くいかないと悩むWeb担当者、そして制作者として担当者とタッグを組むWebディレクターの問題解決の一助となれば幸いである。

本書の出版に当たってご尽力いただいたワークスコーポレーションの岡本さん、編集の宮崎さん、毛利さん、執筆前に実施した事前インタビューにご協力いただいた、柏内さん、藤井さん、林さん、野木さん、飯田さんには、改めてお礼を申し上げたい。特に本書を書くきっかけを与えてくれた柏内さん、藤井さん、そしてワークスコーポレーションの岡本さんを紹介してくれた長内さんには、厚くお礼を申し上げる。

最後に、本書の執筆にあたり、ほとんどの休日を費やしたにもかかわらず、相談にのり、励ましてくれ、図版作成も手伝ってくれたた妻の直美に感謝の気持ちを捧げたい。

2011年9月
片山良平

片山良平（かたやま　りょうへい）

2007年より、ネットイヤーグループ株式会社にてプロジェクトマネージャー、プロデューサー／チームリーダーとして活躍。主に、企業におけるWebサイト戦略立案（コンサルティング）や大規模サイトの構築、運用におけるプロジェクトマネージメントおよび全体統括を担当。現在は事業会社（株式会社エムアウト）にて新規事業開発を行う中でWeb担当者としても活躍中。デザイナー、プログラマー、ディレクター、プロデューサーとキャリアを重ね、システム開発からアートディレクション、サイト運営まで幅広くWebに関わっている。

ブログ　http://d.hatena.ne.jp/rk611/
Twitter　http://twitter.com/#!/rk611

Webデザイン受発注のセオリー
デザインコントロールが身につく本

2011年9月7日発売　初版第1刷発行

著者	片山良平
発行人	村上 徹
編集人	岡本 淳
編集・DTP	宮崎綾子（アマルゴン）
デザイン	Plank
イラスト	ケン・サイトー
作図・DTP協力	Studio D^3
印刷	株式会社廣済堂
発行・発売	株式会社ワークスコーポレーション
	〒101-0052
	東京都千代田区神田小川町1-8-8
	神田小川町東誠ビル10F
	編集部：03-3257-7801
	販売部：03-3257-7804
	URL：http://www.wgn.co.jp/
	お問い合わせ先：contact@wgn.co.jp

• 法律上の例外を除き、本書を無断で複写・複製することを禁じます。
• 本書についてのお問い合わせは、電子メールにてお願いいたします。
• 乱丁本・落丁本は、取り替えさせていただきます。送料弊社負担にて販売部までご送付ください。
• 定価はカバーに記載されています。

ISBN978-4-86267-111-0
Printed in Japan
© 2011 Ryohei Katayama, Works Corporation Inc. All Rights Reserved.